DES
CHEMINS DE FER
PYRÉNÉENS,

PAR P. O'QUIN,

DÉPUTÉ ET MEMBRE DU CONSEIL GÉNÉRAL

DES BASSES-PYRÉNÉES.

PAU,

TYPOGRAPHIE DE É. VIGNANCOUR.

—

1853.

DES CHEMINS DE FER PYRÉNÉENS.

I.

Poser dans ses véritables termes la question des Chemins de fer Pyrénéens, en ce moment soumise par le Gouvernement à une étude approfondie ; rappeler en peu de mots les diverses phases qu'elle a présentées ; la dégager des complications enfantées par de longues controverses et surtout par le conflit d'intérêts opposés ; grouper, enfin, les élémens principaux d'une solution que chacun croit avoir trouvée et sur laquelle personne n'est d'accord : tel est le but du travail que nous entreprenons. Peut-être paraîtra-t-il utile et opportun d'offrir aux esprits impartiaux, à ceux que n'aveugle point la passion et que n'anime pas le désir de faire triompher à tout prix un dessein préconçu, le fil conducteur à l'aide duquel ils pourront se guider au milieu du dédale d'opinions divergentes. Pour arriver à ce résultat, pour fournir aux hommes qui cherchent la vérité sans parti pris d'avance les moyens de se former une conviction d'autant plus sérieuse qu'elle sera en quelque sorte spontanée, il importe de se borner autant que possible à énoncer des faits, de s'abstenir d'appréciations personnelles, de se renfermer, en un mot, dans le rôle modeste de rapporteur. C'est, en effet, celui que nous voulons prendre aujourd'hui.

II.

Ces lignes, destinées à des lecteurs qui habitent pour la plupart les Basses-Pyrenées, ne sont pas néanmoins écrites, qu'on veuille bien le croire, sous l'influence de préoccupations exclusives et locales. Publiées au chef-lieu de ce département, elles n'ont pas non plus été dictées par des prétentions égoïstes. Toutefois, l'examen des divers systèmes proposés, dans leurs rapports avec les intérêts généraux des contrées Pyrénéennes et les exigences plus ou moins acceptables des intérêts particuliers, doit nécessairement occuper dans cet exposé la plus large place, puisqu'après tout c'est entre ces combinaisons qu'il s'agit de se prononcer. On est ainsi conduit à étudier successivement les propositions soumises à

M. le Ministre des Travaux Publics par la compagnie que dirige l'honorable M. Dauzat-Dembarrère; le projet formulé par M. Emile Péreire, au nom de la compagnie des chemins de fer du Midi ; et en ce qui concerne particulièrement le département des Basses-Pyrénées, les trois tracés du Luy, du Gave de Pau et du Gave d'Oloron.

III.

Soumission de la Compagnie Dauzat-Dambarrère.

Peu de temps après que le Gouvernement eût concédé, par le décret du 25 août 1852, le chemin de fer de Bordeaux à Bayonne, MM. Dauzat-Dembarrère, le vicomte de Grandeffe et Barrande, ingénieur, déposaient entre les mains de M. le Ministre des Travaux Publics la demande de concession d'un chemin de fer de Toulouse à Foix, devant servir de tête de ligne au chemin de Toulouse à Bayonne. Une note publiée par le *Moniteur* annonça que toutes les entreprises de ce genre étaient momentanément ajournées, la place se trouvant alors encombrée d'un très-grand nombre de valeurs. Il ne fut par conséquent donné aucune suite à la soumission de la compagnie Dembarrère. Mais l'abondance toujours croissante des capitaux ayant bientôt modifié les résolutions du Gouvernement, MM. Dauzat-Dembarrère, de Grandeffe et Barrande renouvelèrent leur demande, en la complétant par l'addition de lignes et d'embranchemens importans, et sollicitèrent, par une lettre datée du 2 mai 1853, la concession du système de voies ferrées auquel ils ont donné le nom de *Réseau Pyrénéen*.

Le *Réseau Pyrénéen* comprend :

1.° Un chemin de fer de Toulouse à Bayonne, par Muret, Saint-Gaudens, Montréjeau, Tarbes, Pau, Orthez et Peyrehorade ;

2.° Un embranchement de Toulouse à Foix et à Tarascon ;

3.° Un embranchement de Montréjeau par Bagnères-de-Luchon au souterrain projeté sous le Col de la Glère ;

4.° Un embranchement de Tarbes à Bagnères-de-Bigorre ;

5.° Un embranchement de Lourdes à Luz par Argelez ;

6.° Un embranchement de Peyrehorade à Sauveterre ;

7.° Un embranchement de Tarbes à Agen, par Auch ;

8.° Un embranchement de Tarbes à Mont-de-Marsan, par Aire ;

9.° Un embranchement d'Orthez à Dax.

Cet ensemble de lignes de fer n'a pas moins de *huit cent quarante-deux* kilomètres de développement.

La compagnie divise les sections de la ligne principale et les embranchements en deux catégories, quant à l'époque et aux conditions de l'exécution.

Elle se charge de construire en quatre ans, à ses frais, risques et périls, les tronçons suivants :

1.º De Toulouse à Foix ;

2.º De Toulouse à S.ᵗ-Gaudens ;

3.º De Tarbes à Pau ;

4.º De Tarbes à Mont-de-Marsan ;

Ensemble 315 kilomètres.

Le reste du Réseau Pyrénéen serait établi en quatre autres années, dans le système de la loi de 1842, comme il a été stipulé pour la concession du Grand-Central.

Veut-on connaître ces stipulations ? Les voici :

Le gouvernement livrerait à la compagnie les terrains achetés, les terrassements faits, les travaux d'art, stations, ateliers et maisons de garde exécutés: la compagnie, de son côté, fournirait le ballast, la voie de fer et le matériel roulant.

Si le gouvernement le préférait, la compagnie recevrait, à titre de subvention, une somme équivalente au montant des dépenses qui viennent d'être indiquées.

Mais cet engagement, qui lierait la compagnie, ne deviendrait définitif pour l'Etat que lorsqu'il aurait été confirmé par un décret spécial et par une loi ; de telle sorte que si, pendant les quatre années fixées pour l'exécution de la seconde partie du Réseau Pyrénéen, la situation du trésor public ne permettait pas d'entreprendre les travaux, l'expiration de ce délai libérerait entièrement la compagnie. C'est alors seulement que, de son côté, le gouvernement aurait le droit de concéder ces tronçons à une autre société.

La compagnie Dembarrère calcule que les 315 kilomètres de chemins de fer qu'elle exécuterait à ses frais pendant les quatre premières années coûteraient, y compris le matériel roulant, 63 millions de francs, soit 200 mille francs par kilomètre. Ce serait un peu moins de 16 millions à demander chaque année aux actionnaires, chiffre que la compagnie croit pouvoir facilement réduire à 15 millions.

Le reste du Réseau, comprenant des sections d'une exécution plus coûteuse, parce qu'elles traversent des pays accidentés, où de nombreux travaux d'art sont nécessaires et où le prix des terrains est fort élevé, ne saurait être construit à moins de 250 mille francs par kilomètre en moyenne. Encore faudrait-il, pour exécuter certaines sections dans des conditions aussi économiques, profiter de toutes les tolérances que le progrès de l'industrie des chemins de fer a rendues possibles, c'est-à-dire avoir recours aux pentes de 15 à 20 millimètres et aux courbes de 250 mètres de rayon. A raison de 250 mille francs par kilomètre, l'ensemble des voies de la seconde catégorie représente une dépense totale de 128 millions environ, ce qui permet d'évaluer à 60 millions au moins les charges imposées au trésor public par cette entreprise.

IV.

Quelques précisions au sujet de la Soumission Dembarrère.

Les éléments que la compagnie Dembarrère se charge de construire à ses frais, risques et périls sont les suivants :

Pour être mis en exploitation dans deux ans à dater du jour de la concession :

1.° Un embranchement de Tarbes à Pau.

2.° Un embranchement de Tarbes à Mont-de-Marsan.

Pour être livrés au public dans quatre ans au plus tard :

1.° Le chemin de Toulouse à Foix.

2.° La section de Toulouse à Saint-Gaudens.

Le chef-lieu du département des Hautes-Pyrénées serait ainsi mis en communication immédiate avec Bordeaux et Paris, par Aire et Mont-de-Marsan, dans l'espace de deux années.

Pau et la plus grande partie du département des Basses-Pyrénées deviendraient en même temps tributaires de Tarbes, puisqu'il faudrait nécessairement passer par cette ville, en accomplissant un long détour, pour se rendre à Bordeaux, à Paris et à Bayonne.

Cette situation durerait pendant quatre années au moins, pour le cas le plus favorable, c'est-à-dire en supposant que les tronçons de la seconde catégorie fussent exécutés, et que la ligne de Pau à Dax par Orthez fût ouverte, deux ans après le commencement des travaux.

Et si le gouvernement ne croyait pas devoir convertir en un contrat définitif les stipulations relatives aux sections comprises dans la seconde catégorie, si la compagnie, reconnaissant qu'elle avait trop présumé de ses forces, se déclarait impuissante à compléter le réseau dans les conditions de la concession primitive, ce provisoire désastreux pour les intérêts des Basses-Pyrénées pourrait se prolonger indéfiniment.

Le tracé de l'embranchement de Tarbes à Pau, tel que le détermine la compagnie Dembarrère, remonte le cours de l'Echez jusqu'à Lourdes et suit la vallée du Gave jusqu'à Pau. Cette direction a l'avantage de ne pas offrir de difficultés de terrain considérables et de permettre, par conséquent, l'établissement de la voie sans travaux d'art, c'est-à-dire, avec une notable économie. M. Colomès de Juillan, dans une brochure publiée en 1846, n'évaluait pas la dépense de ce tronçon à plus de 150 mille francs par kilomètre, soit un peu moins de 9 millions pour tout l'embranchement, chiffre qui descendrait certainement aujourd'hui au-dessous de 8 millions. De plus, entre Coarraze et Pau, le tracé parcourt une vallée fertile et populeuse, dont le chemin de fer doublerait la richesse, et dont les produits assureraient à l'exploitation un brillant revenu.

Mais la ligne de fer, ainsi dirigée entre Tarbes et Pau, présente un développement de 60 kilomètres, tandis qu'en suivant la route impériale n° 117, il n'y a entre ces deux villes qu'une distance inférieure à 40 kilomètres.

Frappé de cet inconvénient, dont il ne se dissimulait point la portée, M. Colomès de Juillan, dans la brochure que nous venons de citer, signalait un autre tracé qui, remontant le bassin de l'Ousse, traverserait, au moyen d'un tunnel de 3,000 mètres, le faîte qui sépare Pontacq et Ossun, et n'établirait entre les deux points extrêmes de la ligne qu'un parcours total de 40 kilomètres. Encore le tunnel pourrait-il être raccourci par l'adoption de pentes qui, prohibées à l'époque où M. Colomès de Juillan publiait ses observations, sont maintenant devenues réglementaires. En les portant à 12 millimètres, au lieu de 6, ce souterrain n'offrirait plus qu'une longueur de 2,000 mètres.

A la vérité, le raccourcissement obtenu par cette direction implique, pour les Hautes-Pyrénées, l'abandon de la vallée de l'Echez, pour les Basses-

Pyrénées, le délaissement de la vallée de Nay. M. Colomès de Juillan, en lui accordant la préférence, donnait satisfaction aux intérêts de Lourdes par un embranchement jeté de cette ville jusqu'à Ossun, à travers le col d'Adé. Quant à la vallée du Gave supérieur, elle était négligée dans ce système, malgré les mille ressources qu'elle présente.

La compagnie Dembarrère, nous l'avons dit, adopte le tracé par l'Echez et le Gave, malgré l'allongement qu'il nécessite ; cette détermination s'explique par l'espoir fondé d'une augmentation du trafic et du mouvement des voyageurs, comme aussi par le désir de desservir un des arrondissemens des Hautes-Pyrénées.

Constatons simplement, sans prétendre en induire une critique de ce tracé, qu'il accroît de 20 kilomètres la distance de Pau à Tarbes.

De l'embranchement de Tarbes à Mont-de-Marsan, nous n'oserions rien dire, de peur d'être taxé de partialité, si nous ne pouvions invoquer ici une autorité que le département voisin doit accepter à plus d'un titre.

Affirmer que cet embranchement est, non-seulement inutile, mais même nuisible aux véritables intérêts des Hautes-Pyrénées, c'est émettre une opinion qui peut, au premier abord, paraître aussi paradoxale qu'insidieuse. C'est cependant celle que professait il y a quelques années, que soutient encore aujourd'hui avec une conviction fortifiée par de nouvelles études, un homme dont il n'est permis de révoquer en doute ni la capacité spéciale, ni le dévoûment aux Hautes-Pyrénées, M. Colomès de Juillan, ingénieur en chef des ponts-et-chaussées, et ancien député de ce département.

Voici comment il s'exprimait dans son travail de 1846 :

« Ici, je m'arrête un instant pour combattre l'impression que pourrait produire sur un habitant de Tarbes cette prétention de le faire passer, contrairement à ses habitudes, par Pau pour aller à Bordeaux. Ne lui semblera-t-il pas, au premier abord, qu'on lui fait tourner le dos au but qu'il voudrait atteindre ?

» Mais ce ne serait qu'une fausse impression, et le simple aspect de la carte le prouverait bientôt.

» Tarbes et Pau sont, en effet, avec Orthez et Dax, presque sur une même ligne perpendiculaire au chemin de fer des Landes ; de telle sorte que cette direction commune est pour chacune de ces localités son trajet le plus court vers ce chemin. Or, un rattachement perpendiculaire, lorsque l'on a également à faire aux deux côtés de la ligne, est ce qu'il y a de mieux, chacun le sait ; car alors toute direction oblique qui raccourcirait le trajet d'un côté, amènerait pour l'autre un allongement plus grand que l'abréviation obtenue.

» Il est donc vrai de dire que, pour rattacher Tarbes au chemin des Landes, la ligne naturelle et la plus courte va passer à Pau, et qu'il n'y a nul dommage pour aucune de ces deux villes; qu'il y a, au contraire, énorme avantage pour les deux, à leur donner un rattachement commun qui les fasse jouir par le cumul de toutes leurs relations, d'un tarif plus économique.

» On pourra prétendre, ajoutait M. Colomès de Juillan dans une note, qu'il n'y a pas égalité pour Tarbes entre les relations qui attachent cette ville à Bordeaux ou à Bayonne.

» Cela est peut-être vrai pour le présent, mais personne assurément ne peut dire ce que recèle pour nous l'avenir de l'Espagne occidentale. Cette égalité d'ailleurs ne dût-elle jamais s'établir, il n'en serait pas moins vrai que, même avec les relations actuelles, l'avantage pour Tarbes d'aller à Bordeaux et à Bayonne en même temps que Pau, et dès lors, *moins chèrement*, ferait évidemment beaucoup plus que compenser un allongement de trajet vers Bordeaux égal au plus à 35 kilomètres, déjà racheté d'ailleurs par un raccourcissement vers Bayonne qui en dépasserait 60. »

Sans doute, les observations qui précèdent étaient publiées à une époque où Tarbes ne pouvait espérer ce que lui promet aujourd'hui la compagnie Dembarrère, c'est-à-dire un embranchement sur Mont-de-

Marsan et une communication directe avec Bayonne. Mais cette combinaison n'affaiblit nullement un des principaux arguments invoqués par M. Colomès, la réduction de tarif résultant de l'établissement d'une voie commune aux deux villes. D'un autre côté, il ne faut point oublier que, dans le système proposé, l'exécution de la ligne de Tarbes à Bayonne par Pau est subordonnée à une décision ultérieure du gouvernement et que, dans l'hypothèse la plus favorable, six années au moins s'écouleront avant la mise en exploitation de cette section.

La conclusion qui semble ressortir naturellement de ces faits, c'est qu'au lieu de l'embranchement de Mont-deMarsan à Dax, la compagnie Dembarrère aurait dû, dans l'intérêt commun des deux départements, ranger le tronçon de Pau à Dax au nombre des sections de la première catégorie, c'est-à-dire de celles qui sont immédiatement exécutables à ses risques et périls. La suppression complète de cet embranchement serait même une conséquence plus logique et tout aussi légitime des observations qui viennent d'être rapportées. Sans préjuger le résultat des études auxquelles le gouvernement fait procéder en ce moment, on peut facilement prévoir qu'elles confirmeront les indications fournies par M. Colomès de Juillan, avec toute l'autorité de son expérience et de ses connaissances spéciales.

Pour en finir avec les tronçons compris dans la

première catégorie de la soumission de la compagnie Dembarrère, il resterait maintenant à parler des deux chemins de Toulouse à Foix et de Toulouse à S.t-Gaudens. Mais la première de ces sections ne donne lieu à aucune observation, et les réflexions que peut motiver celle-ci trouveront plus naturellement leur place dans l'examen des voies de fer de la seconde catégorie, dont nous allons nous occuper.

V.

Les tronçons de chemins de fer que la compagnie Dembarrère propose d'exécuter en quatre années, dans le système de la loi de 1842, présentent une longueur totale de 527 kilomètres.

De ces tronçons, les plus importans sont, sans contredit, celui de St-Gaudens à Tarbes, par Monréjeau et Tournay, et celui de Pau à Bayonne. Un mot d'abord sur le premier.

Dire que le tracé de Saint-Gaudens à Tarbes, quelque direction qu'on lui donne, est hérissé des plus grandes difficultés, ce n'est assurément pas avancer un fait nouveau pour tous ceux qui ont étudié la question, depuis longtemps pendante, des chemins de fer pyrénéens. M. Colomès constatait en 1846 que, de Labarthe à Tarbes, il y aurait à percer deux tunnels de plus de 1,000 mètres chacun, et un troisième de 3,000 mètres. Il ajoutait que, pour monter de l'Arros à Labarthe, une difficulté plus sérieuse encore se rencontre, car ce passage donne à gravir 165 mètres dans 4 kilomètres, c'est-à-dire plus de 40 millimètres par mètre.

L'absence de détails circonstanciés sur la direction proposée par la compagnie Dembarrère pour le tronçon de Saint-Gaudens à Tarbes ne nous permet pas d'apprécier si elle a trouvé un moyen d'amoindrir quelques-uns de ces obstacles. Toutefois, si nous en croyons des renseignemens puisés aux meilleures sources, il restera toujours, quoiqu'on fasse, à relier deux points distants de 24 kilomètres l'un de l'autre et situés à peu près au même niveau, à 250 mètres au-dessus du bassin de l'Arros. L'emploi de pentes de 19 à 20 millimètres par mètre est par conséquent indispensable, et, pour la traction, on serait forcé de recourir à des locomotives spéciales. L'exploitation deviendrait ainsi plus onéreuse, la circulation plus périlleuse, et la marche infiniment plus lente.

Des chemins de fer peuvent, sans doute, être construits dans ces conditions exceptionnelles de viabilité, mais seulement dans le cas d'une nécessité impérieuse. Mais est-il prudent, est-il opportun de créer une situation aussi défavorable lorsque d'autres combinaisons sont possibles? Faut-il surtout se condamner à ralentir pendant un assez long trajet la vitesse des convois sur une section de la voie de fer qui doit unir Perpignan, Marseille et Toulouse à Bayonne.

Un tracé autre que celui de la compagnie Dembarrère parerait à ces graves inconvénients. C'est celui qui, se confondant jusqu'à Auch avec celui de la ligne d'Agen, par Rabastens, Miélan et Mirande, se dirigerait ensuite vers Toulouse par Mauvesin et Grisolles.

Ce tracé, dans tout son développement, n'offre que des pentes de 6 millimètres.

Il est plus court de quelques kilomètres que le tracé par S.t-Gaudens.

Il réalise une énorme économie en donnant une voie commune de Tarbes à Auch aux deux lignes d'Agen et Toulouse, et en empruntant depuis Grisolles le chemin de Bordeaux à Cette.

Il va enfin se souder à Grisolles, à l'aide d'un tronçon de la ligne de Cette, à ce magnifique réseau qui met en communication Montauban, Aurillac, Clermont, Lyon, la Bourgogne, la Suisse et bientôt le Piémont.

Cette combinaison qui aplanit tant d'obstacles, épargne tant de millions et rapproche de nos contrées de si vastes horizons, a peut-être, aux yeux du département de la Haute-Garonne, le double tort de ne pas contraindre le Gers, les Hautes et les Basses-Pyrénées à passer par Toulouse pour arriver à Montauban, à Clermont, à Lyon, et de priver le chemin de Foix de la tête de ligne qui lui est commune avec le chemin de Bayonne.

Le premier de ces inconvénients, faut-il le dire, est à nos yeux un avantage.

Quant au second, n'est-il pas plus que compensé par l'économie considérable résultant du tracé par Auch, Mauvesin et Grisolles?

La soumission de la compagnie Dembarrère pourrait donc être très-utilement modifiée dans le sens qui vient d'être indiqué, quant au tracé des lignes de Tarbes à Agen et de Toulouse à Tarbes.

Dans ce système, il est vrai, l'embranchement de Montréjeau par Bagnères-de-Luchon au souterrain projeté sous le col de la Glère, c'est ainsi que le désigne la soumission, cet embranchement se trouverait forcément abandonné. Il y aurait assurément lieu de le regretter dans l'intérêt d'un établissement thermal important, dont les exigences ne sauraient, cependant, être mises en balance avec les incontestables avantages offerts à trois départemens. Mais, qu'on ne s'y méprenne point, ce n'est pas dans le but exclusif ni même principal de desservir Bagnères-de-Luchon que cet embranchement est proposé. Son importance capitale, aux yeux de la compagnie, est tirée de ce qu'il doit devenir prochainement la tête de ligne du chemin international, destiné à unir l'Espagne et la France par le centre des pyrénées. Il n'a donc plus de raison d'être, si le passage des montagnes, au lieu de s'effectuer par le col de la Glère, doit nécessairement suivre une direction différente. Or, c'est précisément la conclusion à laquelle conduisent l'examen général de cette question et les études comparatives auxquelles un ingénieur français a déjà procédé.

VI.

Un homme dont nous aimons à invoquer l'autorité, parce que ses convictions sont le résultat des investigations les plus consciencieuses et les plus éclairées, M. Colomès de Juillan, a parcouru, il y a quelques années, la chaîne des Pyrénées pour fixer le point qui, sur les deux versants, pourrait offrir le moins d'obstacles à la construction d'un chemin de fer entre la France et l'Espagne. La possibilité d'un passage par le col de la Glère n'a point été négligée dans ses études; c'est ainsi qu'il a acquis la certitude que, de tout les tracés proposés pour franchir l'obstacle qui sépare les deux pays, aucun autre ne rencontre d'aussi énormes difficultés à surmonter. Il suffit d'avoir parcouru en touriste les environs de Bagnères-de-Luchon pour se faire une idée de celles qui se présentent du côté de la France. L'hospice de Bagnères, situé sur un plan moins élevé que le pied du col de la Glère, est néanmoins bâti à plus de 1,300 mètres au-dessus du niveau de la mer. Sur le versant Espagnol, celui de Vénasque a 1,700 mètres de hauteur absolue. Qu'on juge des immenses travaux à exécuter pour descendre de ce point et gagner, à travers un pays hérissé de rochers, la vallée où se développe le cours de l'Esserra. Enfin, pour traverser la frontière, un tunnel de 6,600 mètres d'étendue serait à percer sous le port de la Glère.

L'ingénieur de la compagnie Dembarrère, M. Barrande, a, nous dit-on, soumis au gouvernement et publié dans les journaux de Toulouse la description détaillée de cette section du réseau Pyrénéen, avec l'énumération des ouvrages d'art à construire et les cotes des profils. Ce document n'a point passé sous nos yeux; mais lors même que nous aurions eu la faculté de l'étudier, toute appréciation nous serait interdite, car nous avouons de fort bonne grâce notre complète incompétence en pareille matière. Aussi n'avons nous prétendu que citer quelques faits, dont chacun peut vérifier l'exactitude et qui, pour les personnes les plus étrangères à la spécialité d'un ingénieur, corroborent évidemment l'opinion de M. Colomès. Cette opinion, émise après un travail exécuté sur les lieux-même, nous autorise à penser que le passage des Pyrénées par le col de la Glère est, nous ne dirons pas impossible, car la science unie à l'industrie accomplit aujourd'hui des merveilles, mais tellement difficile, qu'il y aurait folie à le tenter, lorsque sur d'autres points l'orgueilleuse barrière des montagnes peut s'abaisser au prix de moins d'efforts devant l'irrésistible progrès de la civilisation moderne.

Est-il besoin d'ajouter que, pendant cinq mois de l'année au moins, les hautes régions que sillonne le tracé du col de la Glère, ensevelies sous d'immenses amas de neige, ne permettraient qu'une circulation périlleuse, irrégulière, si même elle n'était le plus souvent absolument impossible ?

Ces graves objections ne sont cependant pas les seules que soulève le plan de la compagnie Dembarrère. Si l'on mesure sur la carte la distance à vol d'oiseau qui sépare Luchon de Saragosse, par Barbastro, on trouve qu'elle est d'environ 189 kilomètres, tandis que d'Oloron à Saragosse, par Jaca, la distance, également prise à vol d'oiseau, se réduit à 162 kilomètres environ. Or, le chemin de fer central Espagnol devant nécessairement passer par Saragosse, il importe que le rail-way français qui viendra s'y rattacher franchisse les Pyrénées au point le plus rapproché possible de cette ville.

Et à cette occasion, qu'il nous soit permis de répondre en quelques mots aux critiques dirigées par l'*Intérêt Public* de Tarbes contre des appréciations générales publiées par nous dans le *Mémorial des Pyrénées*.

« Saragosse, avions-nous dit, est à une distance moitié moindre d'Oloron par Jaca que de Bagnères-de-Luchon par Barbastro. »

Cette assertion, nous le reconnaissons volontiers, est erronée, et l'*Intérêt Public* avait parfaitement raison de nous engager à examiner la carte, qui n'était point sous nos yeux au moment où l'erreur nous avait échappé.

Mais en la relevant, l'*Intérêt Public* en a commis d'autres bien graves et dont il conviendra sans doute avec autant de bonne grâce que nous en mettons à confesser la nôtre.

« Le parcours obligé, dit ce journal, par voie de terre entre les limites possibles des deux chemins de fer français et espagnol est équivalent à 40 lieues 1/2, tandis que la totalité du trajet de Bordeaux à Saragosse n'équivaut par Ordessa, qu'à 42 lieues de voie de terre ordinaire. »

Il y a dans cette phrase une obscurité que nous avons vainement cherché à percer. Comment pourrait-il exister, entre les limites possibles des deux chemins de fer français et espagnol, un parcours obligé de 40 lieues 1/2, soit 162 kilomètres par voie de terre, puisque la distance totale d'Oloron à Saragosse par Jaca n'est que de 162 kilomètres environ, 48 kilomètres d'Oloron à la frontière, et 114 de la frontière à Saragosse par Jaca, à vol d'oiseau ?

Comment la totalité du trajet de Bordeaux à Saragosse par Ordessa peut-elle n'équivaloir qu'à 42 lieues de voie de terre ordinaire, soit 168 kilomètres, puisque les distances qui séparent les points intermédiaires sont les suivantes :

De Bordeaux à Tarbes .... 213 kilom.
De Tarbes à Lourdes..... 19
De Lourdes à Luz 34
De Luz à Gavarnie...... 26
De Gavarnie à Saragosse par
    Huesca à vol d'oiseau... 114
                   —————
                   403

En tout 403 kilomètres ou 100 lieues et trois quarts.

Dans l'article auquel nous faisons allusion, après le passage reproduit plus haut et contenant des erreurs matérielles explicables seulement par des fautes typographiques, l'*Intérêt public* ajoute, en s'appuyant sur l'autorité de MM. Montet et Barrande, que le trajet de Luchon à Saragosse peut être parcouru dans un temps infiniment plus court.

Or, en mesurant les distances à vol d'oiseau sur les meilleures cartes, on arrive aux résultats suivants :

D'Oloron au col d'Urdos.. 48 kilom.
Du col d'Urdos à Saragosse
    par Jaca............. 114
                 —————
                 162
De Luchon à Vénasque... 29 kilom.
De Vénasque à Saragosse
    par Barbastro........ 169
                 —————
                 189

Différence en faveur de la route d'Oloron : 27 kilomètres.

Ainsi, Saragosse est à une distance d'Oloron par Jaca moindre, non sans doute de moitié, comme nous l'avions dit par erreur, mais de 27 kilomètres de celle qui sépare cette ville de Luchon, en passant par Barbastro.

L'Intérêt public énonce un résultat bien différent de celui que nous venons d'indiquer, puisqu'il trouve que la ligne de Luchon à Saragosse est plus courte de 41 kilomètres que celle d'Oloron au même point, chiffre qui constitue entre ses calculs et les nôtres un écart de 68 kilomètres. L'erreur de ce journal provient de ce qu'il trouve plus de 13 myriamètres d'Oloron à Jaca, lorsqu'il n'y a réellement que 73 kilomètres, et de Jaca à Saragosse 10 myriamètres, tandis que la distance n'est que de 82 kilomètres.

Pour en finir avec ces rectifications, constatons qu'il n'est pas exact de dire, comme l'a fait *l'Intérêt public* dans un autre n.°, que « Barbastro touche presque à Saragosse tandis que Jaca en est beaucoup plus éloigné. » Ces trois points forment au contraire un triangle isocèle; et si Barbastro est plus rapproché de Saragosse que Jaca, la différence n'est pas de plus d'un quart de lieue. Affirmer que Jaca est *infiniment plus à proximité* de Gavarnie et d'Argelez que de la frontière française dans l'arrondissement d'Oloron est encore une erreur capitale. En effet, le col d'Urdos n'est séparé de Jaca que par 25 kilomètres, et il y en a 36 de Gavarnie à Jaca.

La digression qui précède n'est point, comme le lecteur pourrait le penser, un hors-d'œuvre dans la question qui nous occupe. Elle établit qu'en comparant, comme le veut l'*Intérêt public*, les trois lignes qui, de Saragosse, aboutissent à Oloron, à Lourdes et à Bagnères-de-Luchon, la première est incontestablement la plus courte.

> D'Oloron à Saragosse, par Jaca....... 162 k.
> De Lourdes à Saragosse par Huesca. ... 171
> De Luchon à Saragosse par Barbastro. 189

En résumé, et pour revenir au point de départ de cette discussion, il reste démontré que les immenses difficultés du terrain aussi bien que l'allongement du parcours s'opposent à ce que le chemin international franchisse les Pyrénées au col de la Glère. Le tracé du chemin de fer peut donc être modifié entre Toulouse et Tarbes, selon les variantes indiquées plus haut, sans que la communication à établir entre la France et l'Espagne se trouve le moins du monde compromise.

Achevons maintenant l'examen des sections comprises dans la seconde catégorie de la soumission Dembarrère.

VII.

La section de Pau à Bayonne, par Orthez et Peyrehorade est le complément de la ligne de Toulouse à Bayonne. De Pau à Peyrehorade, le tracé de la compagnie Dembarèrre suit la vallée du Gave de Pau. D'Orthez part un embranchement qui va rejoindre à Dax la voie de fer de Bordeaux à Bayonne; de Peyrehorade, un autre embranchement est jeté sur Sauveterre. A en juger par la carte annexée à une brochure récemment publiée par l'Ingénieur de la compagnie, M. Barrande, et sur laquelle les points principaux se trouvent seuls indiqués, le chemin de fer en sortant de Peyrehorade se dirigerait vers Port-de-Lanne, et s'infléchirait ensuite vers le sud pour arriver à Bayonne en suivant le cours de l'Adour.

Aucune objection théorique ne s'élève contre ce tracé qui satisferait, au moyen des deux embranchemens qui s'y rattachent, une plus grande somme d'intérêts. On a peine, toutefois, à comprendre pourquoi, avec un si grand luxe d'embranchemens, celui de Peyrehorade s'arrête à Sauveterre et n'est pas poussé jusqu'à Oloron, afin de desservir toute la vallée du Gave de ce nom.

Au point de vue pratique, ce projet donne prise à des critiques fondées. Son défaut est d'être un peu trop grandiose et de prétendre établir trois voies de fer dans un rayon assez restreint. Ce n'est pas nous, toutefois, qui nous plaindrions de ce qu'on nous fait la part trop belle, si la réalisation actuelle ou prochaine de promesses aussi brillantes ne paraissait bien difficile. Plus modestes dans nos prétentions, nous nous contenterions d'une seule voie, pourvu qu'elle nous fût promptement concédée.

Mais le reproche capital que nous adressons à cette partie du plan de la compagnie Dembarrère, c'est de donner la priorité à l'embranchement de Tarbes à Mont-de-Marsan sur la section de Pau à Bayonne.

A ne considérer que l'intérêt réel des Hautes-Pyrénées, cet embranchement, on l'a vu, ne doit pas être exécuté. S'il rapproche Tarbes de Bordeaux de quelques kilomètres, il l'éloigne en même temps de Bayonne, jusqu'au moment où la section entre Pau et cette dernière ville sera construite; il prive irrévocablement les Hautes-Pyrénées de la réduction de tarif résultant du parcours d'une voie commune.

Mais en supposant que le gouvernement consente à laisser gaspiller pour l'établissement d'une voie de fer de 104 kilomètres, entre Mont-de-Marsan et Tarbes, des ressources qui pourraient trouver un plus utile emploi, il ne saurait, sans violer des engagemens antérieurs, accorder à l'embranchement de Mont-de-Marsan la priorité sur celui de Dax à Pau.

Dans l'exposé des motifs du projet de loi relatif au chemin de fer de Bordeaux à Bayonne, le Ministre des travaux publics déclarait, en 1846, que si les études des embranchemens de Pau et de Tarbes eussent été complètes, il eût proposé de les voter immédiatement ; il reconnaissait, en même-temps , que la concession de ces deux tronçons devait être simultanée.

Il y a donc pour le département des Basses-Pyrénées une sorte de droit acquis.

Mais ce droit a ses racines ailleurs que dans la parole d'un ministre ; il résulte de faits incontestables, de la situation relative des Hautes et Basses-Pyrénées , de l'importance comparative des deux chefs-lieux, du préjudice immense et peut-être irréparable que ferait éprouver à la ville de Pau l'exécution préalable de l'embranchement de Mont-de-Marsan à Tarbes.

Adoptons l'hypothèse la plus favorable, et supposons que, la compagnie Dembarrère obtenant la concession qu'elle sollicite, l'éventualité de la construction de l'embranchement de Dax à Pau se réalisera.

On pourrait cependant, sans être taxé de pessimisme, craindre que l'embranchement de Tarbes à Mont-de-Marsan terminé, Pau attendît vainement le sien. D'ici à six ou sept ans, mille obstacles imprévus peuvent surgir , une crise industrielle ou financière par exemple , ou des complications qui forceraient l'état de réserver pour des besoins urgents toutes ses ressources disponibles. Qui sait si, dans ce cas, la communication indirecte établie entre Tarbes, Pau et Bayonne par Mont-de-Marsan , ne serait pas considérée comme provisoirement suffisante , et combien de temps durerait ce provisoire désastreux ?

Mais même en admettant qu'il ne se prolongeât point au-delà de six ou sept années, c'est-à-dire en calculant sur la réalisation de tous les engagemens de la compagnie Dembarrère, dans les délais précis qu'elle a fixés, ce serait consacrer une iniquité révoltante que d'accorder la priorité à l'embranchement de Tarbes à Mont-de-Marsan.

La distance de Pau à Bayonne, par la route impériale n° 117, est de 107 kilomètres. Or, de Bayonne à Pau, et réciproquement, voyageurs et marchandises auraient à parcourir, dans l'hypothèse que nous examinons, l'énorme trajet de 300 kilomètres environ. Même entre ces deux points extrêmes, il y aurait économie non-seulement d'argent mais encore de temps à suivre la voie de terre. Quant aux autres villes du département, le chemin de fer serait absolument inabordable pour elles, excepté dans la direction de Bordeaux et de Paris, et là leurs transports seraient grevés de l'impôt résultant d'un allongement considérable de parcours. Cet allongement pèserait sur le transit de Pau à Bordeaux et Paris presque aussi lourdement que sur celui de Pau à Bayonne, puisque, pour aller rejoindre la ligne de Bordeaux à Bayonne seulement, les provenances de Pau n'auraient pas moins de 213 kilomètres de chemin de fer à parcourir.

Ainsi, le département des Basses-Pyrénées, de toutes parts entouré de chemins de fer, se verrait dans l'impuissance d'utiliser le misérable tronçon qui ne lui aurait été concédé que pour mieux faire ressortir sa dépendance vis-à-vis des Hautes-Pyrénées.

Est-ce bien là, nous le demandons, la véritable situation respective des deux départemens ? A lui seul, celui des Basses-Pyrénées compte une population plus considérable que les départemens des Hautes-Pyrénées et des Landes réunis. Pau, ancienne capitale d'un état indépendant, chef-lieu d'une Cour impériale et d'une conservation forestière, résidence Impériale, rendez-vous d'une colonie d'étrangers, centre des Etablissements Thermaux, peut-il voir ses titres méconnus au profit de Tarbes ? Nay, Orthez, Oloron, centres industriels et commerciaux comme on en chercherait vainement un seul dans les Hautes-Pyrénées, pourraient-ils être pour long-temps deshérités et grevés d'un impôt onéreux, quand le département voisin obtiendrait une préférence que rien ne justifie ? Astreindrait-on à un détour considérable ces milliers d'étrangers qui, chaque année, affluent du centre et du nord de la France, de l'Angleterre, de l'Allemagne et de la Russie à Pau, et de là vers nos Etablissemens Thermaux ? Ou bien prétendrait-on les accoutumer, par un changement nécessaire de direction et par une augmentation de trajet, à délaisser cette précieuse source des Eaux-Bonnes, d'autant plus recherchée par les malades qu'elle est unique au monde dans sa merveilleuse spécialité ? Faut-il, enfin, énumérer les produits de tout genre du département des Basses-Pyrénées, bois, marbres, tissus de coton, de fil et de laine, vins, salaisons, fers bruts et ouvragés, qui, avec les nombreuses marchandises importées d'Espagne, se trouveraient condamnés à subir l'onéreuse lenteur des transports ordinaires? Il est impossible que ces intérêts si divers, si considérables, soient momentanément, sinon irrévocablement sacrifiés, et que le gouvernement consacre l'injustice criante qu'établirait au profit du département des Hautes-Pyrénées cette partie du plan de la compagnie Dembarrère.

VIII.

La seconde catégorie des chemins de fer soumissionnés par la compagnie Dembarrère comprend enfin deux embranchements, de Tarbes à Bagnères de Bigorre et de Lourdes à Luz, par Argelez.

L'exécution du premier de ces tronçons rencontrera d'assez grandes difficultés; M. Colomès constate que la pente moyenne entre Tarbes et Bagnères est de 12 millimètres par mètre, et qu'elle atteint 14 milimètres près de cette dernière ville. Sans doute, dans l'état actuel de la science, cette déclivité ne constitue pas un obstacle insurmontable à l'établissement d'une voie de fer; mais il n'en est pas moins certain que l'embranchement de Tarbes à Bagnères restera placé dans des conditions spéciales de viabilité et d'exploitation.

Quant à l'embranchement de Lourdes à Luz, par Argelez, il suffit d'avoir parcouru une seule fois la route que le tracé doit nécessairement suivre, pour être convaincu que l'ingénieur le plus habile ne saurait l'entreprendre sans témérité. M. Barrande ne l'a point dissimulé, et les lignes suivantes, extraites d'une lettre publiée dans l'*Ere Impériale* du 9 juin, expriment assez nettement sa pensée :

« L'embranchement de Lourdes à Luz ne figure sur notre tracé général que par suite des instances de M. Dauzat-Dembarrère. Je n'ignore pas les difficultés, *en quelque sorte insurmontables*, qui sont accumulées dans le trajet de Pierrefitte à Luz, sur un développement de 12 kilomètres, où le Gave s'est ouvert péniblement un passage étroit à travers des roches compactes de schistes siliceux, dans des gorges profondes, à pentes abruptes, à parois presque verticales. Je me suis cependant rangé à l'avis de notre honorable président, qui a vivement insisté pour que cet embranchement figurât sur notre tracé, non comme voie ferrée destinée à desservir spécialement et uniquement les localités, d'ailleurs intéressantes, qu'il touche, telles qu'Argelez, St-Sauveur, Luz, etc., etc., mais bien comme tête du projet de chemin de fer international proposé par M. Colomès, et dont les études sont encore à faire pour en démontrer la possibilité. »

Après cet aveu émané de l'ingénieur même de la compagnie Dembarrère, il serait superflu de se mettre en frais d'arguments pour démontrer que l'embranchement de Lourdes à Luz est inexécutable.

M. Barrande paraît penser que l'embranchement de Luz à Gavarnie n'est guère plus facile à construire, et on est tenté de partager son opinion, quand on considère que de Luz au pied de la cascade de Gavarnie, la différence de niveau s'élève à 1,200 mètres environ, pour un parcours de 26 kilomètres: or ce n'est pas là, tant en faut, le seul obstacle qu'aurait à surmonter le tracé à travers ces gorges naguère impraticables.

Il y aura donc nécessité, tout porte à le croire, de chercher une autre tête de ligne au chemin central destiné à relier la France et l'Espagne. Des indications qui ont déjà été données, il résulte que le tracé par Urdos serait le plus court, et par conséquent, le plus naturel. Offrirait-il les mêmes difficultés d'exécution que les deux autres? C'est là une question à laquelle nous ne pourrions en ce moment répondre que par des affirmations, et dont l'examen ne saurait faire l'objet d'une étude incidente. Contentons-nous d'avoir établi que l'embranchement de Lourdes à Luz est inexécutable, dans l'opinion même de l'ingénieur de la compagnie, qui déclare n'avoir consenti que par déférence à le laisser figurer dans son tracé.

IX.

De l'exposé qui précède découle une conséquence manifeste, c'est que la soumission de la compagnie

Dembarrère est en opposition avec tous les intérêts du département des Basses-Pyrénées. Le *Messager de Bayonne*, dans son n° du 18 juin, s'est nettement prononcé contre le système de réseau Pyrénéen qu'elle propose.

Ses projets, nos lecteurs ont pu s'en convaincre, ne sont guère plus favorables aux véritables intérêts des Hautes-Pyrénées. Aussi n'est-il point surprenant qu'un des deux journaux qui se publient à Tarbes, l'*Intérêt Public*, n'ait pas cru devoir y adhérer.

Le Gers, par l'organe du *Courrier*, repousse énergiquement le plan de la compagnie Dembarrère, par le motif qu'elle ne se charge pas, à ses risques et périls, de l'embranchement d'Agen à Tarbes, et qu'elle demande à l'Etat, pour l'exécuter, une subvention subordonnée à la sanction du Corps Législatif.

Seul de tous les départemens intéressés, la Haute-Garonne approuve ses propositions. Et toutefois, les détails dans lesquels nous sommes entrés prouvent qu'elles ne sont pas conformes à ses vrais intérêts.

Des études auxquelles procèdent en ce moment les ingénieurs du gouvernement résultera inévitablement la confirmation des faits qui ont été articulés dans ce travail. En présence de ces constatations, l'État ne saurait accorder à la compagnie Dembarrère la concession qu'elle sollicite, à moins de lui imposer des modifications radicales.

Une autre compagnie, celle du Midi, est en ins-

tance pour obtenir l'entreprise des chemins de fer
Pyrénéens. Un examen rapide des termes de sa soumission en fera ressortir les avantages et les inconvénients.

Soumission de la Compagnie du Midi.

X.

C'est par une lettre du 23 avril, dont M. Péreire
a donné connaissance aux actionnaires de la compagnie du Midi, dans l'assemblée générale du 30
du même mois, que les administrateurs de cette
compagnie ont sollicité la concession de divers chemins de fer Pyrénéens.

Cette soumission comprend :

1.º Un chemin d'Agen à Auch et Tarbes, avec
embranchement sur Bagnères-de-Bigorre.

2.º Un chemin de fer de Tarbes à Pau, allant
rejoindre à Dax la ligne de Bordeaux à Bayonne.

3.º Deux embranchements de Toulouse à Foix
et S.t-Gaudens.

L'ensemble de ces voies de communication offre
un développement de 457 kilomètres.

La compagnie du Midi, dans la partie de sa soumission qui a été rendue publique, ne précise pas
le délai qu'elle prend pour l'exécution de ces divers

chemins; mais, il paraît certain qu'elle s'engage à les terminer à la même époque que les rail-ways compris dans la concession dont elle est déjà pourvue, c'est-à-dire en 1856.

« L'ensemble de ces concessions, disent les administrateurs dans leur lettre au ministre des travaux publics, aurait la même durée que celle des chemins de fer du Midi et du canal latéral à la Garonne.

» Pour subvenir aux dépenses que ces concessions mettraient à la charge de notre commission, nous ne créerions actuellement, ni obligations, ni actions, nous ferions simplement usage des ressources dont nous disposons par notre concession première, sauf à les compléter ultérieurement lorsque nous serions près de les avoir épuisées.

» Nous ne demandons pas à l'Etat une garantie supplémentaire d'intérêt, les sommes à dépenser devant rentrer dans le *maximum* de garantie déjà réglé par les décrets de concession des chemins de Bordeaux à Cette et à Bayonne et du canal latéral à la Garonne. »

Il paraît résulter clairement de la citation qui précède que la compagnie du Midi ne demande à l'Etat, ni subvention, ni garantie d'intérêt, et qu'elle entend exécuter les chemins de fer Pyrénéens sans imposer au Trésor public de nouvelles charges. C'est dans ses ressources actuelles qu'elle trouve les moyens de faire face aux premières dépenses;

elle s'interdit quant à présent toute émission d'actions ou d'obligations, sauf à faire plus tard un appel aux capitaux privés.

Cette combinaison offre le double avantage d'exonérer l'Etat de tout concours à une entreprise si avantageuse pour le pays, et d'attendre, pour recourir à l'appui des capitalistes, le moment où de nouvelles valeurs pourront, sans inconvénient, être jetées sur la place.

En effet, d'ici à un an ou dix-huit mois, la plupart des titres aujourd'hui créés seront, sinon libérés entièrement, du moins soumis à des compléments de versements peu considérables; d'un autre côté, la compagnie du Midi trouvera pour ceux qu'elle croira devoir émettre un placement d'autant plus facile que l'époque de la mise en exploitation des lignes qu'elle exécutera sera plus rapprochée.

On objecte, à la vérité, que l'opération proposée par le conseil d'administration de la compagnie ne saurait s'accomplir qu'au détriment des actionnaires, et même en compromettant l'avenir de la concession déjà obtenue. Nous n'entrerons pas dans le détail des chiffres à l'aide desquels cette conclusion est justifiée dans une brochure récemment publiée par M. Barrande; de pareils calculs nous paraissent offrir trop peu d'éléments de certitude pour que, assez incompétents d'ailleurs en pareille matière, nous entreprenions de les discuter.

Une réflexion nous frappe toutefois, la voici :

La compagnie du Midi est dirigée par des financiers d'une habileté reconnue, et qui n'en sont pas à leur coup d'essai. Plus d'un succès est venu jusqu'à ce jour démontrer la sûreté de leurs appréciations. Est-il dès-lors probable que l'expérience consommée de ces princes de la finance se trouve aujourd'hui en défaut et qu'ils s'exposent, eux et les actionnaires qui leur ont confié leur argent, à des chances aussi funestes ? Ne doit-on pas supposer, au contraire, que s'ils sollicitent une concession nouvelle, c'est qu'elle offrirait à la compagnie qu'ils représentent des avantages bien réels ?

Ainsi, sous ce rapport, l'opinion publique peut, ce semble, se rassurer, et il n'y a pas lieu de se montrer plus soucieux des intérêts de la compagnie du Midi que les administrateurs de la compagnie elle-même. Le gouvernement appréciera, d'ailleurs, si les termes de leur soumission présentent toutes les garanties qu'il est en droit d'exiger.

Sauf cette vérification, l'offre faite par MM. Péreire et C.ᵉ d'exécuter à leurs frais, risques et périls les chemins de fer dont ils sollicitent la concession se présente évidemment dans des conditions exceptionnellement favorables pour l'état, si d'ailleurs les divers tracés qu'ils proposent assurent aux intérêts des contrées Pyrénéennes une satisfaction convenable.

Jetons un coup d'œil rapide sur cette face de la question.

XI

La compagnie Péreire promet au département de la Haute-Garonne un chemin de fer de Toulouse à Foix et un embranchement de Toulouse à Saint-Gaudens.

Le chemin de Toulouse à Foix, destiné à relier les chefs-lieux de la Haute-Garonne et de l'Ariège, répond à la pensée qui a présidé au tracé général du réseau des rail-ways Français. Il assure un moyen de transport depuis long-temps réclamé aux produits des mines et des usines de l'Ariège, dont l'activité recevra de l'établissement de cette voie de communication une impulsion nouvelle. Aussi l'embranchement de Toulouse à Foix figure-t-il dans la soumission de la compagnie Dembarrère, aussi bien que dans celle de la compagnie Péreire ; seulement, la première propose de le prolonger jusqu'à Tarascon.

L'embranchement de Toulouse à Saint-Gaudens leur est aussi commun ; toutefois, la compagnie Dembarrère entend compléter la ligne en rattachant ultérieurement Tarbes à Saint-Gaudens, tandis que la compagnie du Midi ne prend à cet égard aucun engagement.

Nos précédentes observations montrent combien cette réserve est prudente. Mais, si l'embranchement de Toulouse à Saint-Gaudens ne doit pas tôt ou tard être prolongé jusqu'à Tarbes afin de mettre Toulouse

en communication directe avec Bayonne, il perd
beaucoup de son importance locale, et n'offre pas un
caractère d'utilité générale. Le véritable intérêt du
département de la Haute-Garonne, aussi bien que
du Gers, des Hautes et des Basses-Pyrénées, consiste
dans l'établissement d'une voie de fer qui les mette
en rapports immédiats, sans solution de continuité.
La section de Toulouse à Saint-Gaudens, on l'a vu,
ne remplit pas ce but, qui serait atteint par le tracé
empruntant entre Tarbes et Auch la voie d'Agen, et
rattaché à Toulouse par Mauvesin et Grisolles.

La compagnie du Midi pourrait donc sans inconvénient supprimer l'embranchement de Toulouse à
Saint-Gaudens, sauf à jeter un autre embranchement entre Auch et le chemin de Cette, au dessus
de Toulouse, suivant la direction indiquée. En tout
état de cause, et lors même qu'elle ne renoncerait
pas à l'embranchement de Saint-Gaudens, la construction de cette section doit lui être imposée par
l'Etat, puisqu'elle est indispensable pour réaliser la
continuité de communication entre Bayonne et Toulouse.

Ainsi l'exige l'intérêt général des contrées Pyrénéennes, ainsi le veut celui de la Haute-Garonne comme celui du Département du Gers, qui, relié à Agen,
Bordeaux et Toulouse, d'une part, à Tarbes, Pau
et Bayonne, de l'autre, obtiendra une entière satisfaction.

Les Hautes-Pyrénées ne sont pas moins bien partagées dans le système de la compagnie du Midi. Le chef-lieu de ce département est mis en communication continue, par la voie la plus courte, avec Agen et Toulouse ; il se rattache en même temps à Pau, Bordeaux et Bayonne. Les deux autres arrondissemens sont desservis, celui de Bagnères, par un embranchement spécial, celui de Lourdes, par la ligne principale.

A la vérité, la compagnie Péreire supprime l'embranchement de Tarbes à Mont-de-Marsan ; mais, des motifs déjà énumérés et qu'il est inutile de répéter, font ressortir d'une saine appréciation de l'intérêt des Hautes-Pyrénées la démonstration que l'établissement de cette section leur serait nuisible plutôt qu'utile.

L'embranchement de Lourdes à Luz est également omis dans la soumission de la compagnie du Midi, et il n'y a pas lieu de s'en étonner puisque, nos lecteurs s'en souviennent, la compagnie Dembarrère n'a mentionné que pour mémoire ce tronçon à peu près inexécutable, de l'aveu même de son ingénieur.

Entre Tarbes et Pau, la compagnie de M. Péreire, comme celle de M. Dembarrère, adopte le tracé par Lourdes et la vallée du Gave, de préférence à celui par Ossun, Pontacq, et la vallée de l'Ousse. Nous constatons de nouveau que cette direction allonge de 20 kilomètres le trajet de Pau à Tarbes, et grève par conséquent la ligne entière de ce surcroît de distance. Elle a toutefois l'avantage de rapprocher Tarbes des établissemens thermaux des Hautes-Pyrénées, et de traverser la plus fertile, la plus riante de nos plaines, sans éloigner Pau de Bordeaux, de Paris et de Bayonne.

De Pau, où il arrive en suivant le cours du Gave, le chemin de fer se dirige vers Orthez sans quitter ses rives. Puis, franchissant le faîte qui sépare la vallée du Gave de celle du Luy, il va rejoindre, à Dax, la ligne de Bordeaux à Bayonne.

Ce tracé est-il conforme à l'intérêt général des contrées Pyrénéennes à celui du département des Basses-Pyrénées en particulier, c'est là une question sur la quelle on n'est pas, ce nous semble, près de s'entendre. Il n'a pas tenu à nous qu'elle ne devint pas le texte de controverses ardentes dont le résultat ne peut-être que négatif sinon funeste à la cause commune. Nous pensions, en effet, et nous sommes encore convaincus que le gouvernement, quelles que soient les influences qui s'agitent autour de lui, statuera avec une entière impartialité et en tenant uniquement compte des véritables besoins du pays. Des dissentimens hautement proclamés, des luttes vivement engagées ne peuvent avoir pour effet que de le porter à suspendre la solution, afin de donner aux passions locales imprudemment surexcitées le temps de se calmer. C'est donc à regret et bien malgré nous, qu'après avoir sauvegardé notre responsabilité, nous nous laissons entraîner dans une voie à notre sens fâcheuse. Nous ne voulons toutefois rompre qu'avec une extrême circonspection le silence qu'il ne nous serait plus possible de garder sans paraître déserter un devoir. En comparant les divers tracés indiqués pour la traverse du Chemin de Fer dans les Basses-Pyrénées, nous ne prétendons pas discuter, mais exposer les faits, sauf à constater la conclusion qui en ressortira en faveur de telle ou telle direction.

XII.

C'est en 1843 que l'opinion publique a commencé, dans le Département des Basses-Pyrénées, à se préoccuper de la question des Chemins de Fer. La concession du chemin de Bordeaux à Bayonne était, dès cette époque, instamment sollicitée, mais le tracé à suivre pour son exécution faisait l'objet des plus vifs débats. Chaque localité se prononçait, selon que son intérêt particulier paraissait le lui commander, pour la ligne des grandes Landes ou pour celles des Vallées.

En même temps une compagnie Belge, représentée par M. Faure et par M. Lebens, ingénieur, obtenait du gouvernement Français l'autorisation d'étudier un système de Chemins de Fer pyrénéens, sur lequel paraît calqué le réseau de la compagnie Dembarrère, tandis que d'un autre côté, une seconde société, dont MM. Rousseau et Morère étaient les mandataires, demandait à établir un railway entre Tarbes et Bayonne.

Informé par le bruit public de ces divers projets, le Conseil d'arrondissement d'Oloron s'empressa d'émettre un vœu pour que le Chemin de Fer de Toulouse à Bayonne passât par Oloron, et sollicita l'appui du Conseil général. Ce vœu ne fut pas pris en considération, mais le Conseil général, sur l'initiative d'un de ses membres, prit une délibération pour hâter autant que possible l'exécution de la ligne de fer de Toulouse à Bayonne, sans détermination de tracé. Un autre membre proposa et le conseil formula un vœu pour le vote du chemin de Bordeaux à Bayonne dans la prochaine session des chambres.

En dehors de ces actes officiels empreints d'un caractère d'extrême circonspection, la question du Chemin de Fer servait de texte aux discussions les plus animées. L'agitation était entretenue par la publication d'articles auxquels la presse parisienne prêtait ses colonnes, aussi bien que la presse locale. Dans sa sollicitude pour les intérêts confiés à sa dépense, le Conseil municipal de Pau ne pouvait rester plus longtemps étranger au débat qui passionnait les esprits. Une commission choisie dans son sein fut chargée de réunir tous les élémens de la solution la plus convenable. Le 17 novembre 1845, cette commission, par l'organe de M. Julien, soumit au conseil le résultat de ses investigations et lui proposa une délibération qui fut adoptée à l'unanimité.

L'honorable rapporteur, après avoir constaté que l'enquête administrative ouverte sur le tracé du Chemin de Fer de Bordeaux à Bayonne rendait opportune la manifestation des vœux de la ville de Pau, énumérait les motifs nombreux qui militent en faveur du rattachement de cette localité si importante à la ligne principale, par un embranchement jeté sur Dax. Il se prononçait du reste très-énergiquement pour la ligne des Grandes Landes. Quelques indications étaient données dans la délibération sur la direction la plus convenable pour l'embranchement de Pau à Dax. Elle établissait que le chemin devait, en sortant de Pau, traverser le Pont-Long, suivre le cours du Luzan et du Luy de Béarn, et arriver à Dax après un parcours de 70 à 75 kilomètres. Le conseil, en émettant le vœu que ce tracé, indiqué en 1839 dans une publication de M. Colomès de Juillan, fût promptement étudié, offrit au nom de la ville de concourir aux études pour une somme de 5,000 fr. et s'engagea de plus à fournir annuellement une somme de 10,000 fr., pour concourir à assurer à la compagnie adjudicataire le minimum d'intérêt à lui garantir.

Les Conseils municipaux d'Orthez et d'Oloron ne pouvaient s'abstenir dans cette discussion ; chacun d'eux y prit part en adoptant une délibération naturellement conçue au point de vue local. Orthez demanda que le Chemin de Fer fût dirigé par la vallée du Gave de Pau, jusqu'à Port-de-Lannes, et vota plus tard un crédit pour les études à entreprendre; Oloron donna, comme on le pense bien, la préférence à une ligne passant par Pau, Oloron, Navarrenx, Sauveterre et Peyrehorade ou Port-de-Lannes. Ce tracé n'ayant pas encore été étudié, non plus que celui du Gave de Pau, le Conseil municipal d'Oloron vota une somme de 2,000 fr. pour concourir aux frais des études. Quant à la direction par le Luy, elle avait été l'objet, depuis la délibération du Conseil municipal de Pau, des investigations les plus précises et les plus détaillées.

Telle était la situation lorsque le Conseil général se réunit; M. le préfet Azevédo l'exposa dans un rapport lucide et détaillé. L'honorable magistrat annonça que les études faites sur le tracé du Luy et du Luzan avaient démontré la possibilité d'établir un embranchement entre Pau et Dax, suivant cette direction. La longueur totale de la ligne devait être de 74,400 mètres, et la dépense s'élevait à 10,252,520 fr. Quant à la vallée du gave, M. Azevédo fit connaître que, grâce à un crédit de 1,000 fr. accordé par le gouvernement, elle avait aussi été explorée. Ce tracé donnait lieu, d'après MM. les ingénieurs, à une augmentation de dépense de 3,500,000 fr. environ, et à un allongement de parcours de plus de 30 kilomètres entre Pau et la ligne de Bordeaux à Bayonne. Le rapport de M. le préfet parlait aussi du projet soutenu par l'arrondissement d'Oloron, qui allait être immédiatement l'objet d'études prescrites par le gouvernement; mais il ne dissimulait pas que M. l'ingénieur en chef Viard regardait l'exécution de ce chemin comme à peu près impossible, dans les conditions prescrites à cette époque par le Conseil des ponts et chaussées. M. Azevédo ajoutait :

« Je vous prie de vouloir bien ne pas perdre de vue qu'il ne faut pas nous écarter par trop de notre point de départ. Or, ce point de départ, quel est-il ? Un chemin de Bordeaux à Bayonne par les Grandes-Landes, avec embranchement sur Pau partant de Dax ou *de près* de Dax. Sans aucun doute, un chemin de fer de Peyrehorade à Oloron, en suivant le Gave d'Oloron, serait un grand avantage pour une belle partie de ce département. Sans aucun doute, si ces voies de communication se généralisent, comme on l'espère, ce chemin sera fait un jour; mais il faut le considérer comme un ouvrage à part et le relier à la communication de Bordeaux à Pau; ce serait, je le crains surtout en présence des difficultés à vaincre entre Oloron et Pau, ce serait déshériter peut-être indéfiniment le chef-lieu du département. »

En terminant cette partie de son rapport, M. le préfet entretenait le Conseil général du projet de la compagnie Faure, mais en constatant avec soin que

ce projet était parfaitement distinct de l'embranchement de Pau à Dax, bien que, dans le cas où le
tracé par la vallée du Gave serait adopté pour ce dernier, une partie de la voie pût leur devenir commune.

Une commission spéciale, nommée par le Conseil
général pour examiner les graves questions dont le
préfet l'avait saisi, choisit pour son rapporteur l'honorable M. Daguenet, député de l'arrondissement de
Mauléon. Ses décisions, toutefois, ne furent pas prises
à l'unanimité, et il se forma dans son sein une minorité. Afin de faire passer sous les yeux du lecteur
tous les élémens, même rétrospectifs, de la solution,
nous analyserons en quelques mots le rapport de
M. Daguenet et la discussion à laquelle il donna lieu.

M. Daguenet, après avoir brièvement déclaré que
le tracé du Luy était incontestablement le plus court
et le plus économique, faisait remarquer que les études
de la ligne du Gave demeuraient encore fort incom-
plètes. Il indiquait diverses variantes proposées pour
cette direction, celle par Orthez, Peyrehorade et Port-
de-Lanne, celle par Orthez, Puyòo, Dax et Habas,
celle enfin qui, suivant jusqu'à Orthez le Gave de
Pau, l'abandonnait pour gagner par Sallespisse le
bassin du Luy. Puis, mentionnant rapidement l'augmentation de parcours et de dépense résultant de ce
tracé, l'honorable rapporteur arrivait à la ligne du
Gave d'Oloron. Ce côté de la question est traité
dans son travail avec quelque développement.

Cette ligne, dit le rapport, n'a été l'objet d'études d'aucune espèce ; mais en l'absence de toute indication, et en supposant d'ailleurs qu'elle soit déclarée possible par les hommes de l'art, son importance mérite d'être appréciée, et elle doit nécessairement entrer en concurrence avec les deux autres tracés. Elle traverse, en effet, la ville d'Oloron, centre commercial considérable, parcourt une partie de son arrondissement, dessert les intérêts les plus nombreux et les plus variés, et satisfait à la double destination de l'embranchement de Dax à Pau : mettre en rapport avec la ligne principale de Bordeaux à Bayonne la plus grande portion possible du département ; faciliter les relations ultérieures et rendre plus rapides les communications d'un arrondisrement à l'autre. Le tracé du Luy ne remplit pas ces conditions ; celui d'Orthez les réalise moins complètement que celui d'Oloron. Mais sous le rapport de l'agglomération des populations, de la richesse du sol traversé, la vallée du Gave, M. Daguenet le constate, n'est pas inférieure à la vallée d'Oloron ; et pour employer les expressions même de l'honorable rapporteur, ce sont deux sœurs rivales dignes d'obtenir toutes deux la belle dot du chemin de fer. Il reconnait d'ailleurs les titres que fait valoir la vallée du Gave de Pau, titres qui, s'il est permis de le dire pour continuer la métaphore, augmentent l'apport qu'elle se constitue, c'est-à-dire une possession séculaire, des courants dès long-temps établis.

À la vérité, le tracé du Gave d'Oloron a l'inconvénient de faire passer Pau par Oloron et de soumettre ainsi ses voyageurs et ses marchandises à un parcours plus étendu : mais le tracé du Luy ou du Gave de Pau force Oloron à passer par Pau, et laisse sans issue les vallées qui y aboutissent. Faut-il donc sacrifier à l'intérêt de Pau et de sa banlieue les deux arrondissements d'Oloron et de Mauléon, et une partie notable de celui d'Orthez ?

Après avoir développé en faveur du tracé d'Oloron ces arguments que nous avons voulu fidèlement résumer, sans les affaiblir, sans les discuter, M. Daguenet conclut en ces termes :

« L'importance de la vallée du Gave d'Oloron par sa richesse et le chiffre de sa population, est égale au bassin du Gave d'Orthez, et supérieure à celui du Luy ; elle offre l'avantage considérable de desservir un plus grand nombre de localités et d'intérêts.

» Dans cette situation, il nous a paru utile de vérifier préalablement à toute décision si l'établissement d'une voie ferrée y était possible dans des conditions normales. »

La discussion ayant été ouverte sur les conclusions du rapport, l'ajournement fut vivement combattu par plusieurs membres du conseil. Les uns déclarèrent inutiles les études du tracé d'Oloron, par le double motif qu'il allongeait considérable-

4

ment le parcours du chemin de fer, et que l'importance commerciale d'Oloron avait été singulièrement
exagérée. D'autres, pour repousser d'ors et déjà ce
tracé, alléguèrent une augmentation de dépense hors
de toute proportion avec l'accroissement des produits, et la surtaxe que l'allongement de la voiè imposerait aux marchandises et aux voyageurs. On
constata, du reste, que plusieurs cantons de l'arrondissement d'Oloron, Laruns, Arudy, Lasseube
et Monein, par exemple, n'étaient pas intéressés, non
plus qu'une grande partie de l'arrondissement de
Mauléon, au tracé réclamé par Oloron. Un membre
de la minorité de la commission s'éleva contre la
tendance qui lui semblait régner dans le rapport,
en faveur de la direction par Oloron.

L'ajournement trouva, d'autre part, d'énergiques
défenseurs, mais un membre de la commission et le
rapporteur lui-même déclarèrent que cette décision
ne préjugerait nullement la question, et que ni la
commission ni son rapporteur n'avaient entendu exprimer en faveur du tracé d'Oloron une préférence
quelconque. La nécessité d'étudier la question et de
rechercher les moyens d'assurer au département une
satisfaction aussi large que possible, fut l'argument
principal invoqué par les défenseurs de cette opinion.

Un membre émit, avant la clôture de la discussion, un avis fort sensé, que le procès-verbal résume
en ces termes :

« Sa prédilection particulière est en faveur de la

direction proposée par le Luy, et il avait été convaincu, dès l'origine, des avantages qu'elle doit présenter. Il a été néanmoins vivement frappé d'une
circonstance qui domine dans toute cette discussion ;
c'est que chacun n'a reconnu que deux lignes admis-
sibles, la sienne d'abord, puis celle du Gave d'Orthez.
Celle-ci n'est exclue par personne ; elle doit alors
être la plus utile ; elle est au fond de la pensée de
tous et il sera plus facile de la faire généralement
accepter. Il ne croit pas que les calculs et les chiffres
allégués puissent être exclusifs à telle ou telle ligne ;
ils sont acquis à toutes, et la ligne préférée, quelle
qu'elle soit, s'alimentera de toutes les ressources qui
sont indiquées. Il faut donc chercher d'autres motifs
de se déterminer. La ligne du Gave d'Orthez paraît
naturelle à quiconque, étranger à toute préoccupation
de localité, jette un coup d'œil sur la carte. C'est l'artère principale du département ; c'est là qu'est déjà le
courant établi ; c'est celle que désignent, sans hé-
siter, les hommes versés en cette matière, qui visitent
nos contrées. Il n'en est pas de même de la ligne
d'Oloron, dont l'utilité n'est comprise que par les
localités qu'elle intéresse directement. »

Le débat se termina par l'adoption des conclusions
suivantes :

1.º Que la ligne principale de Bordeaux à Bayonne
suive le tracé direct par les Grandes-Landes ; 2º Qu'a-
vec cette ligne soit voté un embranchement de Dax
ou de près de Dax vers Pau ; 3º Que les études

des trois directions proposées pour cet embranchement soient suivies et complétées sans interruption et avec toute l'activité qu'on y pourra mettre.

Conformément à ce vœu, émis dans la séance du 30 août 1846, l'administration fit procéder à l'étude des deux directions par le Gave de Pau et par la vallée d'Oloron.

Le tracé étudié par la vallée du Gave de Pau suit jusqu'à Puyòo le cours de ce torrent, puis se dirigeant vers Habas, passe dans le bassin du Luy et descend aux approches de Dax dans celui de l'Adour. Sa longueur totale est de 79 kilomètres, et il coûterait 12 millions environ.

Le tracé du Gave d'Oloron ne fut l'objet d'études que dans la partie comprise entre Pau et Oloron. Il fut constaté qu'entre ces deux points, le chemin de fer, établi dans des conditions exceptionnelles, aurait une longueur de 37 kilomètres et nécessiterait une dépense supérieure à 11 millions. Le développement total de la voie depuis Pau jusqu'à Peyrehorade devait être de 130 kilomètres, et la dépense présumée se montait à 23 millions.

De nouveau saisi de la question dans sa session de 1847, le Conseil général aurait sans doute trouvé dans ces renseignements les éléments d'une décision immédiate, s'il eût été urgent de l'adopter. Mais la crise financière et industrielle qui venait d'éclater devait avoir pour conséquence de suspendre toutes les concessions de chemins de fer. Le conseil se borna donc à l'émission d'un vœu pour l'exécution de la ligne de Bordeaux à Bayonne, par le tracé direct, avec embranchement sur Pau, et pour l'achèvement des études de cet embranchement.

Afin de compléter cette revue rétrospective qui a bien son utilité, il convient de rappeler qu'en 1848, l'honorable M. Planté proposa au Conseil général des Basses-Pyrénées d'émettre un vœu pour que le gouvernement concédât le plus tôt possible et sans nouvelle enquête le chemin de fer de Bordeaux à Bayonne, l'expérience ayant démontré que de telles enquêtes ne font que provoquer et surexciter les prétentions locales, et ne peuvent qu'entraver et embarrasser le gouvernement au lieu de l'éclairer. Sur une observation de l'honorable M. Dufaur, qui demanda l'ajournement à l'année suivante pour qu'une commission du conseil pût examiner la question et en faire un rapport, l'honorable M. Chégaray répondit fort sagement que la question était bien connue, et que le but de M. Planté était précisément de la soustraire aux débats du Conseil et des autres Conseils généraux, où il craignait qu'elle se compliquât et finit par échouer à force de provoquer des prétentions rivales.

Cette réflexion que nous sommes heureux de citer, parce qu'elle ne manque pas d'actualité, détermina l'adoption de la proposition de M. Planté.

Franchissons maintenant plusieurs années et arrivons au moment où, grâce au gouvernement réparateur de Louis-Napoléon, le Sud-Ouest de la France se vit enfin doté d'une voie de communication depuis si long-temps promise, le chemin de fer de Bordeaux à Bayonne.

Le décret qui le concède n'était pas encore revêtu de la sanction législative, lorsque le Conseil municipal d'Orthez consigna dans une délibération, dont notre collègue et ami, M. Charles Chesnelong, avait préparé les éléments par un brillant rapport, ses vœux pour le présent, ses espérances pour l'avenir.

La ville d'Orthez, adhérant à une modification réclamée par le conseil d'arrondissement dans sa session précédente, demanda que la ligne de fer de Bordeaux à Bayonne s'infléchit vers Dax, touchât Port-de-Lannes, et arrivât au centre de Saint-Esprit;

Que le tracé du Gave de Pau fût adopté pour un embranchement ultérieur de Dax à Pau; — le conseil municipal d'Orthez raisonnait dans l'hypothèse d'un chemin suivant la vallée du Gave et aboutissant à Port-de-Lannes; toutefois il déclarait s'abstenir d'indiquer une préférence pour ce tracé, en présence de la direction par Habas et Saugnac, étudiée en 1847 et reconnue possible par M. Darnaudat;

Qu'enfin, l'embranchement de Dax à Pau obtint la priorité sur celui de Mont-de-Marsan à Aire.

La ville d'Oloron, de son côté, par une délibération de son conseil municipal et par l'organe de plusieurs de ses notables habitants, s'empressa de soutenir la supériorité du tracé par Oloron, Navarrenx, Sauveterre et Peyrehorade, et d'en solliciter l'exécution.

La ville de Pau, plus modérée et profitant des leçons de l'expérience, ne crut pas devoir renouveler de vieilles luttes, dont le résultat avait été si déplorable. Elle se borna à prier le gouvernement de la comprendre dans la répartition des voies de fer dont il a si largement doté le pays. Inutile d'ajouter que cette réserve n'équivaut nullement à une abdication, et que si la ville de Pau, comme l'arrondissement, peuvent s'en remettre à la sollicitude éclairée du Gouvernement du soin de choisir entre la ligne du Luy et le tracé mixte par la vallée d'Orthez que nous décrirons tout à l'heure, ils protestent énergiquement contre le tracé par la vallée d'Oloron. C'est dans ce sens que se sont déjà prononcés, que se prononceraient sans doute encore au besoin les représentans légaux de cet arrondissement, et parmi eux, celui qui écrit ces lignes et qui, investi d'un mandat direct, avait des devoirs plus étroits à remplir.

Mauléon et Bayonne ont aussi déclaré leurs préférences ; elles sont acquises au tracé du Gave d'Oloron.

Tels sont les précédents ; après tant d'années de

discussions confuses, il n'était pas sans intérêt de les rappeler brièvement. Il reste maintenant à décrire les divers tracés, avec les variantes dont ils sont susceptibles, à énumérer leurs avantages, à signaler leurs inconvénients, à faire ressortir enfin de leur comparaison la transaction la plus équitable entre tous les intérêts.

<h3 style="text-align:center">XIII.</h3>

Avant d'entreprendre cet exposé, nous croyons essentiel d'énoncer quelques faits généraux qui dominent la situation, et des quels on ne peut faire abstraction sans aboutir inévitablement à une solution erronée. Le lecteur voudra bien en tenir compte comme d'éléments indispensables de toute décision.

En premier lieu, le caractère véritable de la voie de fer dont il est en ce moment question doit être nettement déterminé. Ce n'est ni un embranchement destiné à rattacher le département des Basses-Pyrénées à la ligne de Bordeaux à Bayonne, et par conséquent à Paris, ni une section uniquement construite pour relier Toulouse, Auch, Tarbes, Pau et Bayonne, ni un chemin spécial aux Basses-Pyrénées et principalement conçu pour satisfaire leurs intérêts particuliers. La section dont la direction est si vivement contestée remplira simultanément ces trois destinations diverses, mais n'est exclusivement affectée à aucune d'elles.

Si ces intérêts distincts repoussaient une conciliation basée sur le sacrifice réciproque de quelques
exigences, l'exécution de trois chemins de fer deviendrait nécessaire.

Une première ligne passant par Pau, Orthez,
Peyrehorade, Guiche et Urt, suivant le tracé de la
compagnie Faure, dirigerait par la vallée du Gave
de Pau et le bassin de l'Adour le chemin de Toulouse
à Bayonne.

Une seconde voie, partant de Pau, suivant la
vallée du Néez jusqu'à Rébénacq, puis passant dans
le bassin du Gave d'Oloron, pour ne le quitter qu'à
Peyrehorade , où elle rejoindrait le chemin de Toulouse à Bayonne, desservirait l'arrondissement d'O-
loron et une partie de celui d'Orthez.

Enfin , un embranchement, jeté d'Orthez sur Dax
par la direction la plus courte, établirait la communication des Basses-Pyrénées avec Bordeaux et
Paris.

Le jour viendra sans doute où la multiplication des
voies de fer sur toute la surface du sol Français
permettra de combler, par l'exécution de ce réseau
local, les vœux les plus ambitieux de nos populations. Mais prétendre les voir réaliser dès aujour-
d'hui, aspirer ainsi à toutes les magnificences du
luxe, lorsqu'on n'a pas encore obtenu le strict
nécessaire , ne serait-ce pas montrer par trop de
présomption ? Aucun esprit sensé, tenant compte des

nécessités actuelles, n'admettra la possibilité de l'exécution immédiate de trois sections de chemin de fer établies, pour le service des Basses-Pyrénées, dans un rayon de moins de 50 kilomètres entre la plus éloignée de ces voies et le point où le chemin de Bordeaux à Bayonne s'infléchit vers la ville de Dax. Tout, au contraire, concourt à faire considérer comme probable la construction d'une seule section, combinée de manière à desservir quant à présent tous les besoins et à s'adapter plus tard sans difficulté au système qui leur assurera une satisfaction complète. Et si ce tracé unique peut, sans engager l'avenir, réaliser en ce moment une notable économie, en empruntant une partie de la voie de Bordeaux à Bayonne, il ne répondra que mieux aux exigences de la situation.

Le seul tracé acceptable sera donc celui qui réunira les conditions suivantes :

Continuation de la ligne de Toulouse à Pau par la voie la plus courte que permettra la nécessité d'aller rejoindre le chemin de Bordeaux à Bayonne;

Rattachement aussi direct que possible du département des Basses-Pyrénées à Bordeaux et à Paris, sans déserter, néanmoins, les courants établis;

Combinaison des éléments de telle manière qu'ils puissent être utilisés pour le complément du réseau local.

Personne n'a soutenu jusqu'ici, que nous sachions,

que le département des Basses-Pyrénées pût espérer aujourd'hui mieux qu'une voie unique. Mais on a objecté que cette voie devait être considérée comme une section du chemin de fer de Toulouse à Bayonne, comme le moyen de communication destiné à relier tous les centres Pyrénéens, et nullement comme la route naturelle de Pau et de la majeure partie du département des Basses-Pyrénées vers Bordeaux et Paris. Vous avez désormais, nous dit-on, une voie vers Paris plus naturelle et plus directe, celle que suivra le chemin de fer Grand-Central et que parcourait la malle-briska récemment supprimée. N'essayez donc pas de détourner le chemin de Toulouse à Bayonne de sa véritable destination, et ne prétendez pas le transformer à votre profit en un embranchement du rail-way de Paris à Bayonne, puisque c'est par Auch, Agen, Périgueux, Limoges et Châteauroux, c'est-à-dire par la ligne la plus courte, que vous devez maintenant correspondre avec Paris.

A ces objections, une réponse péremptoire peut facilement être opposée :

En premier lieu, le département des Basses-Pyrénées aura toujours un intérêt immense à se rapprocher de Bordeaux, ville à laquelle le rattachent des relations quotidiennes et de plus en plus étendues. Bordeaux a été jusqu'ici et restera, quoiqu'on fasse, le grand marché de nos contrées. C'est vers cette ville que se dirige la plus grande partie des courants commerciaux.

Secondement, il n'est pas exact de considérer comme établie la communication en chemin de fer de Pau à Paris, par le centre de la France. L'existence de ce fait est subordonnée à la réalisation de plusieurs éventualités, probables sans doute, mais assurément reculées jusqu'à un terme assez éloigné. En supposant que la ligne de Paris à Limoges soit prochainement achevée ; — que l'Etat, dans quatre ans d'ici, se trouve en position d'entreprendre les travaux d'art sur les sections de Limoges à Périgueux et de Périgueux à Agen, pour livrer la voie à la compagnie du Grand Central, conformément aux conditions stipulées ; — que le chemin d'Agen à Pau, qui n'est pas encore concédé, le soit prochainement ; — en réunissant ainsi les hypothèses les plus favorables, dix ans au moins s'écouleront avant que la ligne complète soit exécutée. Pendant ces dix années, le chef-lieu du département des Basses-Pyrénées, les arrondissements de Pau, d'Orthez et même d'Oloron, doivent-ils être condamnés à subir entre Pau et Paris un impôt onéreux de temps et d'argent ?

Troisièmement, enfin, admettons que le chemin Grand-Central est terminé et prolongé jusqu'à Pau : ce chemin sera-t-il pour le département des Basses-Pyrénées la route la plus naturelle et la plus directe vers Paris ? Evidemment non.

La route la plus naturelle est celle qui passe par Bordeaux, où les voyageurs séjourneront nécessairement, car l'impossibilité d'arriver en un jour de Paris à Pau les contraindra de chercher une station intermédiaire. Cette station, c'est Bordeaux où les convois partis le matin de Paris arriveront le soir.

Cette route, enfin, est aussi la plus courte. Qu'on ouvre, en effet, le livre de poste, on y trouvera le relevé suivant des distances, sur la ligne que parcourra le chemin de fer Central :

De Paris à Châteauroux (chemin de fer). 305 k.
Châteauroux à Limoges.............. 127
Limoges à Pau..................... 414
                                    ————
                    TOTAL.. 846

Par Bordeaux, au contraire, voici le tableau des distances :

De Paris à Bordeaux 561
De Bordeaux à Dax (chemin de fer)... 190
De Dax à Pau (embranchement)........... 80
                                    ————
                                       831

Différence en faveur de la ligne de Bordeaux : 15 kilomètres.

Ces précisions démontrent victorieusement que le chemin de fer qui traversera le Département des Basses-Pyrénées a bien réellement le double caractère que nous lui avons assigné ; section du chemin de Toulouse à Bayonne, embranchement destiné à relier à Bordeaux et à Paris la ville de Pau et la majeure partie du Département des Basses-Pyrénées. Telle est par conséquent la pierre de touche d'après laquelle doit être apprécié le mérite relatif des divers tracés.

Il convient d'ajouter que le vœu émis par le Conseil municipal d'Orthez pour l'inflexion de la ligne de Bordeaux à Bayonne vers Dax a été exaucé, et que le gouvernement a accepté cette modification du tracé proposée par la compagnie. Mais à partir de Dax, le chemin s'infléchit à l'ouest, vers la mer, arrive à Bayonne par St-Esprit, sur la rive droite de l'Adour. D'où la conséquence qu'il ne peut plus être aujourd'hui question de faire aboutir à Port-de-Lannes un chemin de fer qui doit se rattacher à cette ligne.

Cela posé, arrivons à l'examen des divers tracés.

XIV.

Tracé du Luy.

Les études de ce tracé et de ses variantes ont été faites sous la direction de M. l'ingénieur en chef Viard, par M. Darnaudat, conducteur des ponts-et-chaussées, remplissant les fonctions d'ingénieur dans l'arrondissement d'Orthez. Elles ont démontré que la construction du chemin de fer de Dax à Pau par les vallées du Luzan et du Luy était non seulement possible, mais facile et peu coûteuse, puisque, ainsi que le constatait M. Viard dans sa lettre au maire de Pau, en date du 8 mai 1846, la voie pouvait être établie sans tunnel, sans fortes sinuosités ou courbes d'un petit rayon, sans un grand nombre de courbes, sans qu'il fût nécessaire enfin de dépasser nulle part une pente de cinq millimètres par mètre. Partant de Pau, au nord-ouest de la ville, le tracé indiqué par les ingénieurs se dirige par le plateau du Pont-Long vers le bassin du Luzan, affluent du Luy de Béarn, traverse ce ruisseau et suit sa rive droite jusqu'à Mazerolles. A ce point, il passe sur la rive gauche, à quelques kilomètres au-dessus de la jonction du Luzan et du Luy, et se trouve alors sur la rive gauche de ce dernier cours d'eau le long duquel il se développe. Le chemin traverse la commune de Sallespisse à 7 kilomètres d'Orthez, passe au-dessus d'Arsagues, et après avoir franchi le Luy un peu en aval de Cambran, arrive au nord de Dax.

La longueur totale de cet embranchement est de 74,400 mètres, et la dépense probable de 10,252,520 fr. Encore dans ce chiffre comprend-on un viaduc sur l'Adour et des remblais considérables nécessités par le raccordement avec Saint-Paul-lès-Dax.

Une variante étudiée entre Sallespisse et Cambran, dirige le tracé un peu plus au sud, par Arsagues, et porte à 76 kilomètres environ le développement du chemin.

Quelques indications dont les hommes de l'art durent se préoccuper firent aussi porter les études sur un tracé intermédiaire qui, suivant la direction de la vallée du Luy jusqu'à Sault-de-Navailles, descendrait de ce point à Orthez en traversant le coteau de Sallespisse, et d'Orthez à Pau remonterait le cours du Gave. Cette ligne, dont la longueur est de 83,820 mètres et dont les ingénieurs évaluèrent la dépense à 15,741,390 fr. fut repoussée par l'arrondissement de Pau qui lui reprochait d'augmenter le trajet entre Pau et Dax de 7 à 8 kilomètres, et la dépense de plus de 5 millions.

L'avantage évident du tracé du Luy est d'établir la communication la plus rapide et la moins coûteuse entre Pau et le chemin de Bordeaux à Bayonne. De Pau à Dax, en effet, il n'a que 74 kilomètres et peut être établi à raison de 135,000 fr. par kilomètre, soit 10 millions environ pour le prix total. Il donne la satisfaction la plus complète à tous les cantons de l'arrondissement, dessert une partie du département des Landes et raccourcit le parcours de Bayonne à Toulouse, étant admis que cette voie doit emprunter la section de la ligne de Bordeaux à Bayonne comprise entre cette dernière ville et celle de Dax.

Mais le grave et non moins incontestable inconvénient de ce tracé, c'est de laisser à l'écart la riche et populeuse vallée du Gave qui, de temps immémorial, est en possession du transit entre Bayonne, Pau et Toulouse; de traverser un pays peu habité, des terrains susceptibles sans doute d'une exploitation fructueuse , mais jusqu'à présent mal cultivés ; d'effleurer à peine la partie Nord-Est du Département ; de négliger Orthez, centre commercial et industriel fort important, rejeté à 7 kilomètres du tracé ; de grever d'une augmentation de trajet et de frais de transport par voie de terre les marchandises qui affluent vers cette ville de Navarrenx, de Sauveterre, de Mauléon et de Saint-Palais, de méconnaître enfin les droits acquis pour créer des courans nouveaux et par conséquent incertains.

Et ces mots de droits acquis, qu'on veuille bien y réfléchir, n'emportent pas seulement l'idée d'une possession existante ; ils impliquent aussi la notion des causes légitimes et naturelles qui ont établi une situation. S'il est vrai, par exemple, et on essaierait en vain de le contester, que le transit entre Bayonne , Pau, Tarbes et Toulouse s'effectue de temps immémorial par la vallée du Gave de Pau, c'est que le commerce, l'industrie, le producteur, le consommateur et le voyageur ont trouvé un avantage réel à suivre cette voie.

Aux adversaires du tracé du Luy, l'arrondissement de Pau répondait par l'énumération de ses avantages comparatifs ; il faisait surtout valoir l'économie dans les frais de construction et le raccourcissement du trajet. En suivant la vallée du Luy , l'embranchement ne devait avoir que 74 ou 76 kilomètres de longueur, selon la variante adoptée ; par la vallée du Gave de Pau, le développement total était porté à 118 ou 129 kilomètres, selon que le chemin se dirigeait de Peyrehorade ou de Port-de-Lannes vers la ligne principale ; par la vallée d'Oloron, enfin, le trajet était d'au moins 150 kilomètres. Pau faisait remarquer d'ailleurs que la préférence inévitablement acquise au tracé du Luy ne priverait point cette voie du transport des voyageurs et des marchandises provenant des arrondissemens d'Orthez, d'Oloron et de Mauléon, qui viendraient y aboutir par la voie de terre.

On remplirait facilement un gros volume de tous les documens qui furent publiés de part et d'autre, en 1845, 1846 et 1847, sur cette question brûlante.

Mais si Pau soutenait à cette époque le tracé du Luy avec une sorte d'acharnement, c'est que la possibilité d'une ligne mixte, empruntant le tracé du Gave de Pau, jusqu'à Orthez, en amont ou en aval de la ville, et se dirigeant ensuite vers Dax par la voie la plus courte, n'était pas encore démontrée. Aujourd'hui, au contraire, il ne reste plus de doute sur la facilité avec laquelle ce chemin peut être construit ; s'il augmente d'un petit nombre de kilomètres le parcours entre Pau et Dax, il établit entre le chef-lieu du département et Orthez une communication précieuse, traverse des plaines fécondes et peuplées, pénètre enfin plus avant dans l'intérieur du département. En présence de ce tracé de transaction, le conseil municipal de Pau, sans désavouer ses actes antérieurs, a pu garder une réserve qui répond victorieusement au reproche d'égoïsme qu'on lui a bien injustement adressé. Nous aurons à parler dans un instant avec plus de détail de ce projet mixte et à rechercher s'il ne concilie pas les divers intérêts, pourvu toutefois que ces intérêts ne repoussent pas systématiquement toute idée de conciliation.

En dehors des prétentions des localités, le tracé du Luy remplit-il d'ailleurs les conditions que nous avons déjà reconnues essentielles ? S'il continue la ligne de Toulouse à Pau jusqu'à Dax par la voie la plus courte, on doit reconnaître qu'il abandonne au préjudice de la vallée d'Orthez les courants établis. D'un autre côté, les éléments dont il se compose ne peuvent être utilisés pour le complément du réseau local, puisqu'aucune de ses sections n'est dirigée soit par la vallée d'Oloron, soit par celle du Gave de Pau, soit entre Dax et Orthez. Ce tracé suppose enfin que la section de Tarbes à Pau suivra la vallée de l'Ousse, tandis que les deux compagnies soumissionnaires ont adopté la ligne du Gave supérieur. Or, la disposition du terrain est telle que du point où le chemin mené par cette direction aboutirait à Pau, il est impossible de gagner le plateau du Pont-Long sans exécuter des travaux d'art fort dispendieux.

Ces considérations générales doivent faire écarter le tracé du Luy, s'il en existe un autre qui pré-

sente les mêmes avantages sans offrir ses inconvénients. La description du tracé du Gave d'Orthez
et de ses variantes jettera nécessairement quelque
lumière sur ce point.

XV.

Tracé du Gave de Pau.

Le tracé le plus ancien d'une section de chemin
de fer de Pau à Bayonne par le bassin du Gave de
Pau est celui de la compagnie Faure. D'après les
précisions publiées par M. Lebens, ingénieur de la
compagnie, le chemin devait passer par Lescar et
Artix, toucher à Orthez, suivre le Gave par Puyòo,
jusqu'en aval de Peyrehorade, enfin longer l'Adour
par Guiche et Urt jusqu'à Bayonne. Cette ligne se
développe sur une longueur de 129 kilomètres environ ; elle peut être établie à raison de 160 fr. par
mètre courant, soit 20,640,000 fr. pour l'ensemble
des travaux. La construction en est facile : elle ne
rencontre que de faibles pentes et ne nécessite qu'un
petit nombre d'ouvrages d'art.

Assurément, ce tracé par les bassins du Gave et
de l'Adour serait le plus naturel, le plus convenable, s'il ne s'agissait que d'unir par une voie directe
Toulouse, Tarbes, Pau et Bayonne. Mais, ne l'oublions
point, Tarbes, Pau et Orthez doivent arriver, non
seulement à Bayonne, mais encore à Bordeaux et à

Paris. Or, l'exécution du projet de la compagnie Faure établirait entre Pau et Bordeaux la distance suivante :

De Pau à Bayonne.... 129 kil.
De Bayonne à Dax.... 46
De Dax à Bordeaux... 190
————
365 kil.

Ainsi, tandis que le tracé du Luy réduit la distance entre Pau et Dax à 76 kilomètres au plus, l'autre donnerait à parcourir entre ces deux points un trajet de 175 kilomètres. Le rapprochement des chiffres qui précèdent établit d'une manière irréfragable que le projet de la compagnie Faure ne saurait remplir le but collectif que la section du chemin de fer à construire actuellement sur le territoire des Basses-Pyrénées doit nécessairement atteindre. Aussi personne n'en demande-t-il, ouvertement, du moins, l'exécution. L'arrondissement d'Orthez seulement, sans exclure le tracé mixte dont nous avons déjà dit quelques mots, semble exprimer une préférence implicite pour une ligne qui, suivant la vallée du Gave jusqu'à Port-de-Lannes, rejoindrait en quittant ce point le rail-way de Bordeaux à Bayonne.

Dans la délibération déjà mentionnée, le conseil municipal d'Orthez paraissait opter pour cette direction ; mais, conséquent avec lui-même, il manifestait en même-temps le vœu que le chemin de fer de Bordeaux à Bayonne touchât à Port-de-Lannes.

La modification réclamée n'ayant point été adoptée, et la ligne de Bordeaux à Bayonne s'infléchissant au contraire vers l'ouest à partir de Dax, il ne peut plus être sérieusement question de faire arriver jusqu'à Port-de-Lannes le chemin de Pau à Dax.

En effet, l'adoption de ce tracé établirait les distances suivantes :

De Pau à Peyrehorade........ ...	98 k.
De Peyrehorade à Port-de-Lannes.	8
De Port-de-Lanne à Dax.......	23
Total.........	129 k.

Et relativement à Orthez :

D'Orthez à Peyrehorade.........	56
De Peyrehorade à Port-de-Lannes.	8
De Port-de-Lannes à Dax......	23
	87

Or, le tracé mixte qui suit la vallée du Gave et se dirige ensuite vers Dax par Puyòo et Habas, n'a qu'une longueur totale d'environ 79 kilomètres, et entre Orthez et Dax un développement de 38 kilomètres.

Il en résulte que les provenances de Pau et de tout l'arrondissement seraient soumises, sur la route de Bordeaux et de Paris, à un allongement de parcours de plus de 49 kilomètres par le tracé qui toucherait à Port-de-Lannes ; que les expéditions d'Orthez et des cantons voisins subiraient, dans la même direction, une augmentation de trajet égale. En calculant sur un tarif de 7 centimes par kilomètre et par voyageur et de 14 centimes par kilomètre et par tonne de marchandise, on trouve que cet allongement se traduit pour chaque voyageur, par un surcroît de dépense de plus de 3 fr. 43 c., pour chaque tonne de marchandises par une surtaxe supérieure à 6 fr. 86 c.

L'augmentation du trajet vers Bordeaux et Paris est-elle du moins compensée, dans l'hypothèse du tracé de Port-de-Lannes, par une diminution de distance entre Bayonne, Orthez, Pau, Tarbes, et tous les points de la ligne jusqu'à Toulouse? Précisons les distances :

De Pau à Dax par Port-de-
Lannes................ 129 kil.
De Dax à Bayonne....... 46
                    ——————
Total........ 175

D'Orthez à Dax par Port-de-
Lannes .... 87 kil.
De Dax à Bayonne....... 46
                    ——————
Total......... 133

De Pau à Dax par le tracé
mixte................. 79 kil.
De Pau à Bayonne........ 46
                    ——————
Total........ 125

D'Orthez à Dax par le tracé
mixte................. 38 kil.
De Dax à Bayonne........ 46
——————
Total......... 84

Ainsi, le tracé par Port-de-Lannes est plus long de 49 kilomètres entre Pau et Bayonne que le tracé mixte; de même entre Orthez et Bayonne. L'augmentation de dépense qui en résulte est encore dans ce cas de 3 fr. 43 par voyageur et de 6 fr. 86 par tonne de marchandises.

Veut-on supposer que le chemin de fer s'arrêtera au Bec-du-Gave ou à Peyrehorade et que de là, il remontera directement vers Dax. Dans ce cas, l'augmentation de trajet imposée à Orthez, à Pau, et aux autres localités que traverse la ligne est encore, dans la direction de Bayonne, de 38 kilomètres, comparativement à la distance qu'établit le tracé mixte, ce qui représente une surtaxe de 2 fr. 66 par voyageur et de 5 fr. 32 par tonne de marchandises. La surcharge serait la même pour les voyageurs et les marchandises qui prendraient la route de Bordeaux et Paris.

L'arrondissement d'Orthez, comme celui de Pau, comme celui d'Oloron même, ont par conséquent un intérêt majeur à ce que le chemin de fer, s'il doit être construit dans la vallée du Gave, l'abandonne à partir d'Orthez ou aux environs de cette ville pour arriver promptement à Dax.

Toutes les localités desservies par le rail-way entre Pau et Toulouse doivent aussi préférer le tracé mixte.

La compagnie concessionnaire, de son côté, optera nécessairement pour cette direction, à moins qu'elle ne consente, comme le propose la compagnie Dembarrère, à établir simultanément un embranchement entre Orthez et Dax, et une section entre Orthez et Bayonne, par les vallées du Gave et de l'Adour. Mais, dans aucun cas, elle ne saurait accepter le tracé par Port-de-Lannes ou Peyrehorade et Dax, qui lui occasionnerait inutilement un surcroît de dépense considérable. Nous disons inutilement, et non sans raison ; en effet, dans l'hypothèse du complément ultérieur du réseau local, il resterait à exécuter l'embranchement d'Orthez à Dax et celui de Peyrehorade ou de Port-de-Lannes à Bayonne, par la vallée de l'Adour, sans que le tronçon qui relierait Peyrehorade ou Port-de-Lannes à Dax pût être utilisé autrement que pour une communication locale.

Il est donc évident qu'en raisonnant, comme nous devons le faire, sur la probabilité de la concession actuelle d'une voie unique, le tracé par Peyrehorade ou Port-de-Lannes ne donne satisfaction ni au double intérêt du département des Basses-Pyrénées, dont la majeure partie se trouverait, par son exécution, éloignée en même-temps de Paris, de Bordeaux et de Bayonne, ni aux départemens Pyrénéens que traversera le chemin de Toulouse à Bayonne. De plus, ce tracé ne se concilie nullement avec l'éventualité plus ou moins prochaine du complément du réseau local. Il doit donc être incontestablement repoussé.

Venons maintenant au tracé mixte et à ses variantes. Dans son travail de 1846, M. Colomès de Juillan signalait la possibilité de cette combinaison qui joindrait, disait-il, à l'inappréciable avantage de desservir les principaux intérêts rattachés au Gave de Pau, celui de procurer un trajet vers Bordeaux aussi court que par le Luy. L'honorable ingénieur ne donnait d'ailleurs aucun détail sur le tracé, sinon qu'il n'exigerait pas 1,000 mètres de tunnel. La facilité d'éviter ce tunnel au moyen d'une augmentation des pentes et de passer de la vallée du gave dans celle du Luy en franchissant, à l'aide d'une tranchée à ciel ouvert, un faîte assez peu élevé, parait aujourd'hui démontrée. C'est en entrant à Orthez que la voie s'infléchirait vers le nord-ouest et prendrait la direction de Dax.

Une autre variante étudiée avec un soin minutieux par M. Darnaudat, aux frais de la ville d'Orthez, consiste à mener le chemin jusqu'à Puyòo, et à remonter à partir de ce point, en passant par Habas.

Dans l'hypothèse où la voie de Tarbes à Pau aboutirait au Nord-Est de la ville, le tracé part de l'ex-trémité de la Porte-Neuve, passe au nord de la Haute-Plante, en coupant à 1180 mètres de l'entrée de Pau la route impériale n° 134, traverse obliquement le vallon de l'Ousse, passe à la hauteur de l'église de Poey dans le bassin du ruisseau Laulouse, qu'il longe en laissant Labastide-Cézéracq au sud, passe au nord d'Artix, franchit à 1250 mètres environ de ce point la route impériale n° 117, et va longer le Gave au pied du château de Lacq.

Si l'on suppose, au contraire, que le chemin arrive de Tarbes à Pau par la vallée de Nay, il franchit le gave en aval de Jurançon, suit sa rive droite, traverse l'Ousse entre Denguin et Aussevielle, passe au nord de Labastide-Cézéracq, et au sud d'Artix, traverse de nouveau l'Ousse en amont de Lacq, et aboutit au pied du château, comme la variante déjà décrite. Il se maintient ensuite sur la rive droite du Gave et au sud de la route impériale. A Argagnon, la voie doit être établie sur des murs de soutènement, à raison de l'étroitesse du passage entre le Gave et le côteau, qui présente une forte déclivité. Elle longe ensuite le lit du Gave, jusqu'à la hauteur de Baigts, puis remontant ensuite vers Habas, à partir de Puyòo, elle franchit le faîte qui existe sur ce point à l'aide de rampes de 10 millimètres par mètre, sur une étendue de 3900 mètres environ, et d'un tunnel de 495 mètres de lon-gueur. De Habas, le chemin se dirige vers Saugnac, traverse le Luy au moyen d'un viaduc à six ouvertures de 12 mètres de diamètre chacune, et passe enfin de la vallée du Luy dans le bassin de l'Adour, au moyen d'une rampe et d'une pente de 10 millimètres par mètre, sur près de 4400 mètres de longueur.

Il est plus que probable que les règles nouvelles appliquées à la construction des chemins de fer modifieront quelques unes des conditions de ce tracé, et que, par exemple, il n'y aura pas de tunnel à percer. Mais même en admettant que les premières études, faites en 1847, ne fussent susceptibles d'aucune rectification, la dépense totale occasionnée par l'établissement de ce chemin ne s'élèverait pas à 12 millions, soit, pour 79 kilomètres 1/2, environ 150 fr. par kilomètre.

Le tracé mixte a donc 5 kilomètres seulement de plus que le tracé du Luy et ne coûterait pas 2 millions de plus.

Il coûterait 8 millions 1/2 de moins que le tracé par le Gave et l'Adour, et serait plus court de 95 kilomètres 1/2 entre Pau et Dax, plus court même de 4 kilomètres entre Pau et Bayonne.

Nous avons déjà montré qu'il réalise une abréviation de 50 kilomètres environ, dans les deux directions, sur le tracé par Port-de-Lannes, et de 38 kilomètres sur celui par Peyrehorade.

Il ne nécessite pas la pose d'un seul mètre de rails qui n'ait son utilité actuelle et future, la section de Pau à Orthez pouvant se continuer plus tard jusqu'à Bayonne, par le bassin du Gave et celui de l'Adour, et l'embranchement d'Orthez à Dax étant indispensable en tout état de cause, pour rattacher les Basses-Pyrénées à Bordeaux et à Paris.

Ce tracé realise donc, à la différence de tous les autres, les conditions que le chemin des Basses-Pyrénées nous a paru devoir réunir. Sa supériorité sur les autres lignes semblerait ne pouvoir être révoquée en doute, sous le rapport de l'intérêt général et départemental, comme au point de vue des intérêts de la Compagnie concessionnaire, s'il n'existait un troisième projet qui consiste à faire passer le chemin de fer par Oloron, Navarrenx, Sauveterre et Peyrehorade, et dont l'arrondissement d'Oloron ainsi que ses nouveaux alliés proclament hautement l'excellence. Il nous reste, pour compléter la tâche que nous avons entreprise, à examiner en lui-même ce dernier projet, à discuter les argumens invoqués par ses défenseurs, à le comparer enfin au tracé du Gave de Pau.

XVI.

Tracé du Gave d'Oloron.

Trois variantes ont été indiquées pour ce tracé. La première consiste à suivre la vallée du Gave de Pau jusqu'au village d'Abos, à diriger ensuite le chemin vers Monein, d'où il serait mené à Navarrenx par Lucq et Jasses, pour être prolongé jusques à Peyrehorade, par le bassin du Gave d'Oloron. La voie ainsi établie aurait entre Pau et Peyrehorade une longueur de 85 kilomètres; entre Pau et Bayonne, la distance totale serait de 151 kilomètres au moins, et les frais de construction du rail-way entre Pau et Dax de 18 millions environ, en calculant sur un prix moyen de 170 francs par mètre courant.

Ce tracé, qui offre entre Abos et Navarrenx des difficultés d'exécution assez sérieuses, n'a fait l'objet d'aucune étude. Les arrondissemens de Pau, d'Orthez et d'Oloron, sont, en effet, unanimes pour le repousser.

Pau, parce qu'il allonge considérablement le parcours entre Pau et Dax, sans présenter, comme compensation, l'avantage de relier le chef-lieu du Département au chef-lieu d'un des arrondissements des Basses-Pyrénées.

Orthez, parce qu'il ne passe qu'à 20 kilomètres de cette ville, comme aussi parce qu'il l'éloigne de Pau, de Dax et de Bayonne.

Oloron, parce qu'il laisse le chef-lieu de l'arrondissement à 14 ou 15 kilomètres au sud.

Une seconde variante conduirait la ligne ferrée de Pau à Escout par Lasseube, et de là jusqu'à Oloron. Mais cette combinaison donne à franchir entre Gan et Escout une foule de coteaux, au travers desquels les ingénieurs ne pourraient frayer un passage au chemin qu'au prix d'énormes travaux d'art. Elle aurait d'ailleurs le grave inconvénient d'abandonner la route des Eaux-Bonnes et des Eaux-Chaudes. Aussi ne peut-elle convenir à l'arrondissement d'Oloron ; quant à ceux de Pau et d'Orthez, il va sans dire qu'ils la combattraient.

Le tracé que réclame Oloron est celui qui, au sortir de Pau, suit la vallée du Néez jusqu'à Rébenacq, franchit le contrefort de Sévignac, aboutit à Buzy, gagne ensuite Oloron, et de là se prolonge jusqu'à Peyrehorade, dans une direction commune à toutes les variantes.

Bien qu'aucune étude n'ait été faite entre Oloron et Peyrehorade, il paraît généralement admis que cette section est d'une facile exécution. C'est entre Pau et Oloron que sont accumulés tous les obstacles, et c'est sur cette partie du tracé que portent les investigations sommaires auxquelles s'est livré, en 1846, M. l'ingénieur Ménard.

D'après le rapport de cet ingénieur, le chemin de fer se maintiendrait dans la vallée du Néez jusqu'à Rébénacq, traverserait la gorge de Hayet, au moyen d'un tunnel de 3,600 mètres au moins, passerait près de la fontaine d'Ogeu et suivrait jusqu'à Oloron le vallon de l'Escou. D'Oloron, il se dirigerait vers Peyrehorade par le bassin du Gave, en traversant Navarrenx et Sauveterre.

Ce tracé présente entre Pau et Oloron un parcours de 37 kilomètres, entre Oloron et Peyrehorade un développement de 93 kilomètres : de Peyrehorade à Dax la distance est de 20 kilomètres au moins. Il en résulte que la voie de fer entre Pau et Dax n'aurait pas moins de 150 kilomètres si cette direction était adoptée, et coûterait 26 millions au moins, c'est-à-dire 14 millions de plus que la ligne de Pau à Dax par Orthez, Puyôo et Habas.

De Pau à Gan, la construction du chemin de fer n'exigerait pas de travaux considérables ; mais il en serait tout autrement de Gan à Rébénacq. L'étroite et tortueuse vallée du Néez, enserrée par deux chaînes de côteaux aux flancs abrupts, est placée dans les conditions les plus défavorables pour l'assiette de la voie. Si malgré les continuelles sinuosités qu'elle présente, les ingénieurs songeaient à adopter des courbes assez étendues pour que cette section ne fût point assujétie à un mode spécial d'exploitation, les travaux immenses et les énormes dépenses que nécessiterait l'exécution d'un semblable projet le feraient bien vite abandonner. Si au contraire, ils voulaient s'en tenir à des courbes d'un petit rayon, telles que la disposition du terrain les impose, l'emploi d'un système particulier de locomotion, celui de M. Arnoux, par exemple, et la diminution considérable de la vitesse deviendraient par cela même inévitables. Quant au tunnel de 3600 mètres au moins qu'il faudrait percer à travers le contrefort de Sévignacq, nous n'en parlerons point pour constater que, sur toute la lignè de Toulouse à Bayonne, aucun autre souterrain de cette étendue n'est à creuser, mais simplement pour faire remarquer que la constitution géologique du côteau sous lequel il doit pénétrer opposerait d'incessantes difficultés aux efforts des hommes de l'art. Ils auraient à se prémunir contre l'éboulement de terres mobiles et détrempées par les eaux, contre les infiltrations qui sillonnent ces terrains pour se réunir dans le réservoir d'où jaillit le ruisseau le Néez. En somme, les 37 kilomètres de chemin de fer entre Pau et Oloron coûteraient 11 millions, tandis que les 79 kilomètres de voie entre Pau et Dax par le tracé mixte n'en coûteraient que 12.

Tant d'obstacles amoncelés dans un parcours de 20 kilomètres au plus ne devraient sans doute pas être un motif de découragement s'il n'existait pas d'autre tracé possible, ou si l'adoption de eette direction offrait quelqu'avantage incontestable, tel que l'abréviation du parcours général. Mais est-il raisonnable d'abandonner une voie naturelle, facile et rapide, pour choisir, au prix des sacrifices les plus onéreux de temps et d'argent, une route qui double la distance et ne présente de toutes parts que difficultés à surmonter? Faut-il grever inutilement d'une sorte de servitude cette belle ligne de Toulouse à Bayonne, ou plutôt de Bayonne à Perpignan, en lui imposant sur un seul point des conditions spéciales de traction et de locomotion ? Et quant à la longueur du parcours général, elle se trouve non diminuée mais considérablement augmentée par ce tracé, ainsi que quelques précisions l'établiront péremptoirement.

Le tracé mixte de la vallée d'Orthez, que nous appellerons simplement tracé du Gave de Pau, place cette dernière ville à 79 kilomètres environ de Dax, et à 125 kilomètres et Bayonne.

Le tracé du Gave d'Oloron crée entre Pau et Dax une distance de 150 kilomètres et de 196 kilomètres entre Pau et Bayonne.

Différence en faveur du tracé par le Gave de Pau : 71 kilomètres.

De telle sorte, qu'entre Pau et Bayonne, le tracé du Gave d'Oloron double à peu près la distance.

Il en résulte une augmentation de dépense de 4 fr. 97 par voyageur et une surtaxe de 9 fr. 94 par tonne de marchandises, dans les deux directions de Bayonne, d'un côté, de Bordeaux et Paris, de l'autre. Ne mentionnons que pour mémoire une perte de temps de deux heures environ.

Ces chiffres sont éloquents : ils montrent combien les prétentions de l'arrondissement d'Oloron sont inconciliables avec l'intérêt général des départements Pyrénéens.

Déjà, les convois arrivant de Toulouse, d'Auch et de Tarbes, les voyageurs et les marchandises partis des points intermédiaires, subissent, entre Tarbes et Pau, une augmentation forcée de trajet équivalente à 20 kilomètres. Les astreindra-t-on à un détour qui allongerait encore le chemin de 71 kilomètres, en tout, 91 ? Si chaque pays traversé par la voie de fer avait d'aussi étranges exigences, la longueur du parcours serait doublée ou à peu-près. Ce ne serait plus alors un chemin de *Toulouse à Bayonne* que l'on aurait créé, mais une série de tronçons dirigés selon le caprice des localités qu'ils traverseraient et rattachés les uns aux autres sans le moindre souci des besoins généraux.

L'intérêt départemental se trouverait sacrifié, aussi bien que l'intérêt général, par le tracé du Gave d'Oloron. Quelques détails feront clairement ressortir cette vérité.

L'arrondissement de Bayonne, bien qu'il ait cru devoir se prononcer pour le tracé du Gave d'Oloron, l'arrondissement de Bayonne, disons-nous, est manifestement intéressé à l'établissement de la ligne par le Gave de Pau. Quelle raison allègue-t-il depuis vingt ans pour obtenir d'être distrait du département des Basses-Pyrénées ? Son éloignement du chef-lieu administratif. Si ses plaintes sont sincères, Bayonne doit s'efforcer d'amoindrir l'inconvénient qu'il signale, en diminuant la distance qui le sépare de Pau. Or, le tracé du Gave de Pau l'en rapproche de 71 kilomètres. Tout l'arrondissement de Bayonne, à l'exception peut-être des cantons de Labastide-Clairence et de Bidache, voisins de Peyrehorade, doit par conséquent désirer l'adoption du tracé par le Gave de Pau, non-seulement au point de vue de ses rapports quotidiens avec le chef-lieu administratif et judiciaire, mais encore à raison de ses relations commerciales avec Orthez, Pau, Tarbes, Toulouse, etc. Qu'on veuille bien, en effet, ne pas perdre de vue que la direction par le Gave d'Oloron imposerait aux voyageurs et aux marchandises venant des cantons de Bayonne (N.-E. et N.-O.), d'Espelette, de Hasparren, de Saint-Jean-de-Luz et d'Ustarits à la destination de Pau et de Toulouse, une surtaxe de 4 fr. 97 et de 9 fr. 94 par personne et par tonne. Ces cantons, dont l'intérêt évident est d'aboutir à Pau par la voie la plus courte, à moins qu'ils ne tendent à s'en éloigner dans le but de se faire plus facilement séparer du département des Basses-Pyrénées, comptent une population de 67,031 âmes.

L'arrondissement de Pau tout entier doit naturellement se prononcer avec énergie pour le tracé du Gave d'Orthez : il n'en faut même pas excepter la commune de Gan qu'Oloron compte au nombre de ses alliés, car indépendamment des relations étroites qui unissent cette localité au chef-lieu du canton dont elle fait partie, les 8 kilomètres de voie de terre que l'exécution de la ligne du Gave d'Orthez laisse exister entr'elle et Pau, peuvent-ils entrer en compensation avec l'allongement de 63 kilomètres qu'elle subirait dans la direction de Bayonne et de Bordeaux, par le tracé du Gave d'Oloron? Ainsi, les 126,578 habitants de l'arrondissement de Pau n'obtiendront satisfaction que si le tracé d'Orthez est décrété.

L'intérêt bien entendu des cantons d'Arudy et de Laruns se confond avec celui de l'arrondissement de Pau. Pour une section de 20 kilomètres de chemin de fer que le tracé d'Oloron établirait entre Pau et Rébenacq, la vallée d'Ossau aurait à supporter une augmentation de parcours de 54 kilomètres vers Bordeaux et Paris. Or, c'est dans cette direction qu'il lui importe surtout de diminuer les distances, car ce n'est ni d'Oloron ni du Pays Basque, mais de Bordeaux et de Paris, en passant par Pau, que viennent les riches étrangers dont l'affluence fait sa prospérité. Nous sommes donc autorisés à compter les cantons d'Arudy et de Laruns, qui ont une population de 16,151 âmes, au nombre de ceux qui doivent préférer la ligne du Gave de Pau.

On en peut dire autant du canton de Lasseube et surtout de celui de Monein. Ce dernier, limitrophe du Gave de Pau, serait beaucoup moins éloigné du chemin de fer qui suivrait le cours de ce torrent, que de la ligne qu'un long détour infléchirait vers Oloron. Quant au canton de Lasseube, placé à une distance à peu près égale des deux tracés, il préférerait nécessairement celui qui, après un trajet par voie de terre auquel il demeurera assujetti dans tous les cas, le rapprocherait de 34 kilomètres de Bayonne, de Bordeaux, de Paris, et le mettrait, aussi bien que celui de Monein, en communication avec Orthez par la voie ferrée. L'un et l'autre viennent donc grossir de 15,651 voix le contingent acquis au tracé d'Orthez.

Dans l'arrondissement d'Orthez, les cantons d'Arthez, d'Arzacq, de Lagor et d'Orthez, dont la population s'élève à 47,697 habitans, ne peuvent admettre que le tracé du Gave de Pau. Celui de Salies a un intérêt identique ; en effet, toutes les relations d'affaires de ce canton le rattachent à Orthez, entrepôt naturel de ses salines, dont les produits doivent être dirigés, non vers Bayonne, où ils trouvent une redoutable concurrence, mais vers Pau, Tarbes et Toulouse, dont ils approvisionnent en grande partie le marché. Or, si le tracé du Gave d'Oloron touche au canton de Salies, il augmente pour lui les distances dans la première de ces directions, en mêmetemps qu'il procure un débouché plus facile à la fabrication d'usines rivales. Le canton de Salies et ses 14,614 habitans doivent donc opter, quoi qu'on dise, pour le tracé par le Gave de Pau.

Quant au canton de Navarrenx, on comprend qu'au premier aperçu il se laisse séduire par la perspective d'être traversé quelques années plutôt par une voie de fer. Et cependant, les avantages qu'il en peut espérer ne sont-ils pas plus brillants que solides ? Ne vaudrait-il pas mieux pour ce canton, pour son chef-lieu, surtout, devenir l'entrepôt et le lieu de station des denrées et des voyageurs partis des vallées de Mauléon et de Barétous, que de voir passer de rapides convois, sur lesquels il lui sera interdit de prélever un droit de péage quelconque? Assurément il serait permis de l'affirmer sans blesser ni la vérité, ni la vraisemblance. Mais, afin que la statistique dont nous réunissons les éléments ne prête à aucune critique, et pour éviter le reproche de violenter les faits dans l'intérêt de notre argumentation, nous ferons figurer la population du canton de Navarrenx parmi celles qui demandent l'adoption de la ligne du Gave d'Oloron.

Ainsi, quelque soit le langage, quels que soient les vœux que chacun [prête aux diverses localités du département, les intérêts groupés autour des deux tracés sont représentés par les chiffres suivans :

TRACÉ DU GAVE DE PAU.

L'arrondissement de Pau...............	126,578
L'arrondissement de Bayonne, sauf les cantons de Bidache et de Labastide-Clairence	67,031
Les cantons d'Arudy et Laruns..........	16,151
Les cantons de Lasseube et Moncin.......	15,561
Les cantons d'Arthez, Arzacq, Lagor et Orthez...........................	47,697
Le canton de Salies...................	14,614
	287,632

Les cantons d'Accous, Aramits ,Oloron et
Sainte-Marie.........................   43,831
L'arrondissement de Mauléon............   73,749
Le canton de Bidache...................   10,421
Le canton de Labast.-Clairence.........   7,764
Le canton de Navarrenx.................   11,043
Le canton de Sauveterre................   8,949
                                         ─────────
                                         155,757

Différence en faveur du tracé par le Gave de Pau :
131,875.

Objectera-t-on que la statistique est un peu complaisante, et que les chiffres, convenablement groupés, disent tout ce qu'on veut leur faire dire ?

Soit : nous avons justifié, ce nous semble, chacun des élémens du calcul qui précède. Mais n'importe, admettons qu'il est insuffisant, et suivons les défenseurs du tracé d'Oloron sur le terrain où il leur convient de se placer.

Trois documens ont été publiés en faveur du tracé d'Oloron ; les deux premiers n'ont aucun caractère officiel et portent la signature de MM. Louis, Camou, Pourtau-Penne, Maisonnabe, Charbonnel frères, Ducos frères, Arocéna, Casalès, etc ; le troisième, qui nous parvient au moment où nous écrivons ces lignes, est un rapport au conseil municipal d'Oloron, par M. Forest, ancien Sous-Préfet.

Ces divers mémoires contiennent des erreurs communes, et reproduisent, sous une forme différente, un certain nombre d'arguments identiques. Ainsi, ils apprécient le chemin de fer à construire au point de vue exclusif du département des Basses-Pyrénées, et non de l'intérêt général des départemens Pyrénéens; ils font abstraction de la nécessité de relier les Basses-Pyrénées à Bordeaux et à Paris, par le chemin de Bayonne à Bordeaux; ils paraissent considérer comme insignifiante l'augmentation de dépense causée par l'établissement d'un chemin de fer suivant le cours du Gave d'Oloron, et l'allongement de trajet mis à la charge, non seulement des arrondissements de Pau et d'Orthez vers Bordeaux et Bayonne, mais encore des Hautes-Pyrénées, du Gers et de la Haute-Garonne vers Bayonne.

Le rapport de M. Forest, par exemple, cite bien une phrase de M. le ministre des travaux publics qui parle des longs détours des chemins de fer, *si contraires à l'intérêt public*; mais quelques lignes plus bas, il déclare qu'il s'agit d'une *ligne de Pau à Bayonne*, et que *pour quelques kilomètres qu'on chercherait à économiser*, on ne doit point se priver d'un tracé qui parcourt la partie la plus centrale et la plus animée du département.

Or, il s'agit en réalité d'une ligne de *Toulouse à Bayonne*, et les *quelques kilomètres* qu'on peut économiser sur cette ligne en valent bien la peine, puisqu'il n'y en a pas moins de 71, représentant une augmentation de dépense de 4 fr. 97 par voyageur et de 9 fr. 94 par tonne de marchandise.

Mais, dit M. Forest, le chemin dont nous nous occupons subira dans la Haute-Garonne et dans les Hautes-Pyrénées des ondulations fréquentes ; et celui de Bordeaux à Bayonne ne va-t-il pas, en touchant à Dax, éprouver une déviation assez considérable ?

Les deux exemples pourraient être plus heureusement choisis ; d'un côté, en effet, l'inflexion de la ligne de Bordeaux à Bayonne vers Dax, admise dans le but d'éviter la construction d'un embranchement décrété , n'augmente d'ailleurs que fort peu le trajet de Bordeaux à Bayonne ; et d'un autre côté, si par le tracé rectifié que nous demandons, le chemin de Bayonne arrive aussi directement que possible à Toulouse, les inflexions que subirait la ligne de fer sur le territoire des Hautes-Pyrénées et de la Haute-Garonne , d'après des projets évidemment vicieux , n'augmenteraient certainement pas de 71 kilomètres, comme le détour par Oloron, le *minimum* de longueur du tracé.

Comment Pau , continue l'honorable rapporteur, nous reprocherait-il la longueur de notre parcours , alors que pour aller à Bayonne, il voudrait nous condamner à passer par Dax ?

La réponse n'est assurément pas difficile. Pau veut passer et faire passer Oloron par Dax pour aller à Bayonne, parce que c'est le chemin le plus court. La ligne de Bordeaux à Bayonne ne touchant pas à Port-de-Lannes, contrairement à l'hypothèse admise dans le rapport, et d'un autre côté le rattachement des Basses-Pyrénées à ce chemin étant indispensable, comme nous l'avons démontré, il s'en suit que la voie unique à construire aujourd'hui à travers le Département doit nécessairement aboutir à Dax. Or, le tracé par le Gave d'Oloron et Dax a 159 kilomètres entre Oloron et Bayonne, tandis que d'Oloron à Bayonne par le tracé du Gave de Pau, il n'y a que 157 kilomètres, dont 32 par voie de terre.

Pau ne veut point passer à Bayonne pour aller à Paris, et le jour viendra où Oloron remerciera Pau de l'avoir empêché de suivre cette voie. Pour l'une comme pour l'autre ville, faire un pareil détour, c'est être condamné à une ruine certaine. Car les lecteurs savent déjà ce qu'il faut penser de cette promesse de communication directe entre Oloron, Pau et Paris, par le Grand-Central, que fait briller à nos yeux le rapport de M. Forest, et quels avantages ils peuvent attendre de cette ligne, même en la supposant exécutée. Ils n'ignorent pas non plus que le chemin qui passera par Bordeaux sera toujours pour nous, habitans des Basses-Pyrénées, la voie la plus courte et la plus naturelle.

Comment, du reste, Oloron ne comprend-il pas que l'intérêt de son commerce local, de son industrie, est d'arriver directement à Bordeaux, sans subir le détour par Bayonne et l'énorme augmentation de frais de transports qui en résulte? Comment ne prévoit-il pas que, du jour où les provenances de l'Espagne dirigées vers Bordeaux et Paris seront contraintes de passer par Bayonne, après avoir traversé Oloron, tout le transit de cette ville avec Bordeaux et Paris sera confisqué par Bayonne?

L'honorable rapporteur de la commission municipale d'Oloron a senti la nécessité de combattre l'objection résultant des difficultés qu'offre le tracé entre Pau et Oloron. Assurément, nul ne les déclare insurmontables aujourd'hui, comme M. Viard en 1846. Mais on a vu au prix de quels sacrifices cette section pourrait être établie, puisque ses 37 kilomètres coûteraient 11 millions, un million de moins seulement que la ligne totale de Pau à Dax. On n'a pas oublié non plus qu'elle serait placée dans des conditions exceptionnelles de viabilité et de circulation, conditions qu'il serait insensé d'imposer à un tronçon d'une grande voie comme celle de Toulouse à Bayonne, lorsque le tracé le plus court et le plus naturel ne présente aucune de ces complications.

Mais quoi! s'écrie-t-on, vous repoussez le chemin de fer entre Pau et Oloron, parce que l'assiette de la voie rencontrera des obstacles considérables, et vous faites miroiter à nos regards la perspective d'un autre chemin de fer qui, de Pau, se prolongerait jusqu'à Saragosse! Comment pourriez-vous être sincère, et n'est-ce pas un leurre que vous nous proposez?

La contradiction, quoiqu'on dise, n'est seulement

pas apparente. Inadmissible comme section du grand chemin de fer de Toulouse à Bayonne, parce qu'une voie de ce genre ne comporte pas, à moins d'absolue nécessité, l'emploi de moyens spéciaux de locomotion et le ralentissement de la vitesse qui en est la conséquence, ce tronçon peut parfaitement servir de tète de ligne à un chemin destiné à franchir les Pyrénées. Sur une pareille ligne, en effet, il faut nécessairement sortir des règles ordinaires, et transiger avec les caprices d'un terrain tourmenté. Mais c'est assez de subir ces exigences quand on ne saurait s'y dérober, sans aller s'y soumettre volontairement et lorsqu'au lieu d'aplanir des obstacles, les combinaisons exceptionnelles ne font que créer des embarras inutiles.

Tels sont, en faisant abstraction de l'intérèt commercial et de la raison stratégique, dont nous parlerons tout-à-l'heure, les arguments invoqués par l'honorable M. Forest en faveur du tracé par le Gave d'Oloron. L'habileté du défenseur n'a pu racheter la faiblesse de la cause.

Les auteurs des deux autres Mémoires, MM. Camou, Brun, Ducos, Louis, etc., ont-ils été plus heureux? Sont-ils parvenus à démontrer la supériorité du tracé du Gave d'Oloron sur celui du Gave de Pau? L'analyse succincte mais complète des raisons qu'ils invoquent permettra à chacun d'en juger. Aussi bien, nous ne voulons pas encourir une seconde fois le double reproche que nous adressent Messieurs d'Oloron dans leur seconde publication, où ils gourmandent le laconisme de nos observations à propos de la première, celui de les réfuter sans les citer, et d'émettre, sans justification et sans preuves, des assertions aussi pompeuses qu'erronées.

Affirmer sans prouver est sans doute un tort ; mais il faut éviter avec soin de tomber dans l'excès contraire. Qui trop prouve ne prouve rien, dit le proverbe ; c'est précisément là le défaut capital du second Mémoire d'Oloron, le seul dont il y ait lieu de s'occuper, puisqu'il n'est que la reproduction et le développement du premier.

En veut-on un exemple ? A la fin de ce Mémoire, après avoir compendieusement réfuté quelques propositions énoncées par le *Mémorial des Pyrénées*, dans le post-scriptum, place réservée d'ordinaire à la pensée favorite, la phrase suivante s'est glissée :

« Nous sommes loin d'être au-dessus de la vérité en évaluant à TROIS CENT MILLE TONNES le chiffre du mouvement général *annuel et actuel* dans la vallée du Gave d'Oloron ? »

Trois cent mille tonnes, bon Dieu ! Messieurs d'Oloron y ont-ils bien pensé ?

Mais le tonnage du canal latéral à la Garonne n'a été, en 1850, que de 152,660 tonnes !

Mais celui du canal du Languedoc, réduit au parcours total, n'a jamais dépassé 163 mille tonnes !

Mais tous les chemins de fer aboutissant à Paris ne représentent qu'un mouvement annuel de 1,500,000 tonnes, et dans ce chiffre, les chemins de fer de Rouen, de Dieppe et du Hàvre ne sont compris que pour 311,000 tonnes. (*)

Et qu'on veuille bien le remarquer, *ces trois cents mille tonnes* dont parle le Mémoire ne sont pas l'évaluation du transit qu'il promet à la vallée du Gave d'Oloron, lorsque l'établissement de la voie de fer aura développé ses diverses industries, *l'industrie fromagère*, entr'autres qui, déjà très-importante, pourra prendre, dit-il, une extension beaucoup plus grande. Non : le Mémoire a soin de le déclarer, il ne s'agit ici que du mouvement annuel et actuel. Que sera-ce donc si les projets d'Oloron se réalisent! Le chemin de fer du nord, comparé à celui du Gave d'Oloron, ne sera vraiment qu'une ligne misérable et improductive.

Oublions ce chiffre fabuleux, et suivons, dans l'ordre où ils se développent, les raisonnements des honorables auteurs du Mémoire.

Le parcours du Gave d'Oloron, disait le *Mémorial*, *déshérite* la vallée du Gave de Pau.

Le mot a paru malsonnant. « Où donc le *Mé-*

(*) Rapport de M. Emile Péreire à l'Assemblée générale des actionnaires du chemin de fer de St.-Germain, le 29 mars 1853.

morial a-t-il pris que la voie ferrée fût un héritage acquis d'avance au Gave de Pau plutôt qu'à celui d'Oloron ? »

Nous demandons grâce pour l'expression qui, dans le sens même qu'on lui prête, peut être facilement justifiée.

N'est-il pas exact, en effet, d'affirmer, non seulement que la préférence accordée à la vallée du Gave d'Oloron au détriment de celle du Gave prive celle-ci de tous les avantages d'un chemin de fer, mais aussi qu'elle la dépouille de l'héritage que les siècles lui ont jusqu'ici transmis, celui du transit entre Bayonne, Pau et Toulouse ? Peut-on nier que, jusqu'ici, voyageurs et marchandises aient suivi, de Bayonne à Toulouse, la route du Gave de Pau ? Le contester, ce serait révoquer en doute l'évidence.

Le Mémoire d'Oloron ne veut pas tenir compte des faits actuels, du *statu quo*. Peu lui importe que la direction qu'il préconise détourne les courans établis, tandis que le tracé du Gave d'Orthez les respecte ; que l'une compromette les situations acquises, tandis que l'autre les accepte ; qu'Orthez soit ruiné, pourvu que la prospérité d'Oloron se développe : l'état actuel des choses est vicieux , et il faut le changer ; tant pis pour ceux qui en souffriront !

Eh ! bien , à ces prétentions, anciennes peut-être , mais à coup sûr peu favorisées jusqu'ici, les précisions que nous avons déjà fournies opposent une réponse victorieuse. Jamais le transit entre Pau, Orthez, Dax et Bayonne ne se fera par Oloron. Si le chemin de fer quittait la vallée du Gave, le mouvement commercial continuerait à suivre la voie de terre, et le producteur aussi bien que le consommateur résisteraient à l'impôt vexatoire dont un chemin inutilement allongé prétendrait en vain frapper leurs transactions.

Veut-on que, raisonnant comme les auteurs du Mémoire eux-mêmes, nous fassions abstraction de *ce qui est* pour rechercher uniquement *ce qui doit être?* En d'autres termes, faut-il examiner et comparer les titres que, de part et d'autre, l'on invoque en faveur des deux lignes? La question, ainsi posée, réclame la même solution.

Oloron parle du chiffre des populations intéressées à l'adoption de son tracé, des localités qu'il traverse, des routes de terre dont il sera le confluent.

Quant au chiffre de la population, les calculs dont le résultat est énoncé plus haut montrent que sous ce rapport l'avantage demeure à la vallée d'Orthez? En contestera-t-on l'exactitude? Soutiendra-t-on que le tracé d'Oloron touche un plus grand nombre d'agglomérations d'individus, et que les centres qu'il rencontre contiennent en somme plus d'habitans? L'honorable rapporteur du Conseil municipal d'Orthez répond avec raison que si la ligne d'Oloron traverse un plus grand nombre de localités, c'est qu'elle est plus longue que celle du Gave de Pau. Or, nos lecteurs savent déjà si cet allongement doit être pris pour un avantage ou considéré comme un inconvénient.

Le Mémoire cite les routes diverses qui traversent la vallée d'Oloron ou qui aboutissent à un point quelconque de son développement. Ce sont les routes nationales n.º 133 de Périgueux en Espagne, la route nº 134 de Bayonne en Espagne, la route 134 bis, de Pau aux Eaux-Bonnes ; les routes départementa les nº 1, de Dax à Navarrenx, nº 2, de Saint-Jean-Pied-de-Port à Pau, nº 2, de Mauléon à Navarrenx, nº 3, de Bayonne à Tarbes par Oloron, Rébénacq, Nay, etc., nº 8, de Mauléon à Oloron, nº 9, d'Orthez à Oloron ; plus les chemins de grande et petite vicinalité, dont nous épargnerons l'énumération à nos lecteurs.

Ainsi, Oloron met au compte de sa ligne la route nº 133, qui traverse Orthez, avant d'arriver à Sauveterre, la route n.º 134 bis, qui passe à Pau et non à Oloron, les routes départementales nº 1, de Dax à Navarrenx et nº 9, d'Orthez à Oloron, qu'Orthez a bien quelque droit de revendiquer.

Mais Pau et Orhez n'ont-ils pas les routes nationales nº 133, 134 et 134 bis et les routes départementales nº 1 et nº 9, avant Oloron ; la route nationale nº 117, de Perpignan à Bayonne, les routes de Pau à Barèges, de Pau à Vic-Bigorre, d'Orthez à Dax, et les cent voies de toute nature qui, entre Pau et Orthez débouchent dans la vallée du Gave? Sans entrer dans des détails fastidieux, on peut se borner à faire remarquer que toutes les routes nationales qui traversent le bassin du Gave d'Oloron passent avant d'y arriver à Pau ou à Orthez; qu'il en est de même de plusieurs routes départementales; qu'enfin, la route nationale n° 117, celle dont la direction doit surtout être consultée, puisqu'elle relie Toulouse, Auch, Tarbes et Pau à Bayonne, suit la vallée du Gave de Pau. Quant à la route de Bayonne à Tarbes, par Oloron, Rébénacq et Nay, personne ne s'avisera sans doute de la comparer à la grande artère qui rattache les uns aux autres les chefs-lieux des départements pyrénéens.

Parmi les motifs de préférence que fait valoir le Mémoire en faveur du tracé d'Oloron, nous allions oublier la fécondité du sol, la richesse des plaines qu'il traverse. Et le Gave de Pau, arrose-t-il donc des landes stériles? L'une et l'autre vallée sont, Dieu merci, également bien partagées, et si celle d'Oloron a besoin de titres pour obtenir une faveur, qu'elle les cherche ailleurs que dans la supériorité de son agriculture.

Et, en effet, c'est l'activité industrielle, c'est le mouvement commercial que le Mémoire de Messieurs d'Oloron met surtout en avant comme argument décisif et sans réplique. Les *trois cent mille tonnes* de la note finale leur viennent merveilleusement en aide pour couronner une énumération détaillée des ressources industrielles et commerciales du bassin d'Oloron. Un mot sur ce sujet, afin de faire à chacun sa véritable part, en dehors de toute hyperbole.

La commission d'enquête de 1846 évaluait à 4,000 le nombre des voyageurs qui circulent annuellement entre Orthez et Pau par les voitures publiques, à 32,000 celui des personnes qui se rendent de Pau à Bayonne par la vallée du Gave. Ce chiffre, qui ne comprend pas d'ailleurs les chaises de poste, est certainement aujourd'hui fort au-dessous de la vérité, car depuis sept ans la circulation est devenue plus active. Mais en supposant qu'il représente exactement le mouvement actuel, n'est-il pas hors de doute que la vallée d'Oloron ne saurait revendiquer un con_tingent de voyageurs aussi élevé ? En vain, pour en grossir le nombre, le Mémoire énumère soigneusement les voitures qui font entre Oloron et divers points du Département un trajet plus ou moins régulier ; la statistique comparée donne à Pau et à Orthez un énorme avantage. S'il part tous les jours d'Oloron pour Bayonne une diligence contenant 14 places, Pau expédie dans la même direction une voiture de 15 places et une autre de 12, de deux jours l'un, pendant l'hiver, quotidiennement du 1er juillet au 15 octobre. La diligence de Toulouse à Bayonne passe d'ailleurs chaque jour dans la vallée du Gave, et ses 17 places sont presque toujours occupées. Entre Pau et Orthez, deux services distincts et quotidiens peuvent transporter 27 voyageurs ; entre Pau et Oloron cinq voitures contenant ensemble 36 places font un trajet régulier. Nous ne parlons ni du triple service organisé pendant la saison thermale de Pau aux Eaux-Bonnes et aux Eaux-Chaudes, ni des deux ou trois diligences qui tous les matins partent pour Cauterets, Saint-Sauveur et Barèges, ni des trois voitures arrivant de Bordeaux, ni des entreprises multipliées établies entre Tarbes et Pau. De même, nous ne citerons que pour mémoire cette foule de véhicules de tout genre, de toute dimension, qui, les jours de marché, versent à Pau et à Orthez des flots de voyageurs. Et cependant, à part les voitures d'Oloron, sans en excepter même celles des Eaux-Bonnes, toutes celles qui rayonnent vers Pau et Orthez sont tributaires de la vallée du Gave, soit qu'elles transportent des personnes qui se dirigent vers Orthez, Bayonne ou Pau, soit qu'elles amènent vers le midi des étrangers intéressés à prendre, pour aboutir aux établissemens thermaux, la voie la plus rapide et la plus courte.

De pareils détails, nous le comprenons, sont de nature à lasser l'attention la plus bienveillante ; il faut bien cependant, afin que notre silence ne soit pas taxé d'impuissance, qu'on nous permette d'établir encore un rapide parallèle entre l'industrie et le commerce des deux vallées.

Oloron se targue surtout de son commerce de transit avec l'Espagne, dont il exagère peut-être un peu
l'étendue, car ce trafic, s'opérant à dos de mulet,
est loin d'être aussi considérable que si une route
carrossable lui était ouverte. N'importe : grâce
à de généreux et persistants efforts, la pensée
conçue il y a trente-deux ans par le génie de
Napoléon I.er touche enfin à sa réalisation et un
brillant avenir est promis à cette intéressante
cité d'Oloron. Aussi voudrions-nous qu'elle demandât
avec instance, qu'elle obtint d'ici à peu d'années,
aujourd'hui même si c'était possible, un embranchement qui, arrivant au port d'Urdos, serait la tête
de ligne du chemin trans-Pyrénéen. Mais comment
Oloron peut-il faire valoir son commerce avec l'Espagne, si important qu'il soit en ce moment, si
florissant qu'il puisse devenir, pour demander que le
rail-way de Toulouse à Bayonne passe par la vallée
du Gave, et que la distance entre Oloron, Dax, Bordeaux et Paris soit ainsi augmentée ? Pas une balle
de laine expédiée d'Espagne par Oloron, pas une
tonne de marchandise exportée, n'est dirigée, en
aval de cette ville, à travers la vallée du Gave de ce
nom. Ou bien ces expéditions sont à la destination
de Toulouse et du Midi, ou bien elles sont adressées
à Bordeaux, dans le centre de la France, à Paris et
au-delà, et réciproquement. Dans le premier cas,
qu'importe aux expéditeurs comme aux intermédiaires
le tracé que suivra le chemin de fer au-dessous d'Olo-

ron? Dans le second, l'allongement de parcours qu'entraîne entre Oloron et Bordeaux le tracé du Gave d'Oloron se traduit par des frais onéreux.

Qu'on cesse donc d'invoquer à l'appui de cette ligne le commerce d'Oloron avec l'Espagne. Ces relations séculaires suivent des courants étrangers au bassin du Gave d'Oloron au-dessous de cette ville, et elle ne peut les dévier sans compromettre sa position acquise, les diriger vers Bayonne sans renverser de ses propres mains l'édifice de sa fortune.

Cet argument écarté ou plutôt retourné contre le tracé d'Oloron, il reste à mettre en balance les ressources commerciales, les forces industrielles qui militent en faveur de l'une et l'autre ville. Des deux côtés, avions-nous dit, se rencontrent *à peu près* les mêmes avantages. Cet *à peu près* a choqué les auteurs du Mémoire; et ils ont eu raison de le critiquer. Il n'existe, en effet, aucune parité à établir entre les avantages industriels et commerciaux des deux lignes; nous étions injuste pour celle du Gave de Pau.

Oloron, faisant le dénombrement de ses richesses, compte dans le rayon où s'étend son action, une minoterie, deux filatures de laine, trois papeteries, une mégisserie, une tréfilerie, deux fabriques de toiles d'emballage, des tanneries, deux forges et un haut fourneau, des ardoisières. Le mémoire, pour ne rien omettre, cite les forges de Louvie, celles de

Larrau, la mine de fer de Larrau, celle de zinc non exploitée de Laruns, les carrières de marbre de la vallée d'Ossau, les sources thermales des vallées d'Ossau et d'Aspe, des tuileries, des poteries, des scieries de marbre, des fabriques de chocolat, et jusqu'aux modestes fromageries des pasteurs montagnards. Enfin, le commerce de bois de construction, de bestiaux, de vins, de céréales, de pierres de taille complète cette énumération.

Mais rien qu'à jeter les yeux sur les entreprises de roulage qui sont établies et prospèrent à Orthez et à Pau, ne doit-on pas supposer que les produits de l'industrie sont bien autrement considérables dans la région du Gave de Pau ?

On parle du vin, des céréales, des fourrages, des bestiaux, en un mot des produits agricoles. N'est-ce pas sur le marché de Pau qu'affluent les grains et les vins du Vic-Bilh, les fourrages, les maïs, les bestiaux, les chevaux, les mulets de la vallée de Nay ? Orthez ne reçoit-il pas, d'un autre côté, les mêmes denrées des riches plaines qui l'entourent ?

Qui pourrait soutenir que les transactions auxquelles ces divers objets donnent lieu sur les deux rives du Gave de Pau n'égalent pas, si elles ne les surpassent, celles dont le bassin du Gave d'Oloron est le théâtre ?

Si Oloron a ses usines et ses fabriques, le bassin du

Gave de Pau peut citer des établissements plus importans et plus nombreux.

A Nay, d'abord, ce sont deux usines où se file la laine, où se façonnent les berrets, les tissus de laine de toute espèce, et ces draps dont les baigneurs de nos Eaux thermales vantent la souplesse et la solidité ; puis une filature de coton et un tissage de calicots, une seconde filature de coton, une fabrique de cotonnade, plusieurs fabriques de berrets, d'étoffes, de toiles grises, de couvertures, de salaisons, enfin, une minoterie florissante.

A Pontacq, plusieurs maisons fabriquent aussi des couvertures, des capes, des draps grossiers connus sous le nom de cordeillats.

A Asson, dans le canton de Nay, des forges sans cesse en activité produisent des fers très-estimés pour la serrurerie fine.

A Coarraze existent une usine pour la refonte du vieux fer, une filature, une fabrication importante de tissus de fil.

N'oublions pas les chaux hydrauliques très-recherchées de Montaut et de Coarraze, non plus que la minoterie établie à Meillon.

Bizanos possède une fabrique de toiles de Béarn et de linge damassé, de jour en jour plus prospère sous l'habile direction de M. Bégué et un atelier de blanchissage à la vapeur.

Sur le territoire de la même commune, M. Tournier fait en ce moment construire l'usine à gaz destinée à l'éclairage de la ville de Pau. Cette usine recevra chaque année 1,000 tonnes de houille, et fabriquera 600 tonnes de coke, dont 400 seront vendues et expédiées au dehors. Le transport de ces 1,000 tonnes de charbon de terre, par le chemin de fer de la vallée du gave d'Oloron, serait plus coûteux qu'il ne l'est aujourd'hui par la voie de terre.

Ainsi, les établissements, les centres de production industrielle, situés dans le bassin du Gave en amont de Pau, ont un immense intérêt à l'adoption du tracé par la vallée d'Orthez, car la ligne d'Oloron grèverait d'une surtaxe dont on connaît le chiffre leurs expéditions vers l'arrondissement de Pau, et la plus grande partie de ceux d'Orthez et de Bayonne, comme vers Bordeaux et le Nord de la France, où ils pourront bientôt trouver des débouchés. Or, l'énumération qui précède montre que depuis Montaut jusqu'à Pau seulement, la vallée du Gave de Pau représente une activité industrielle pour le moins égale à celle de la vallée du Gave d'Oloron.

Pau, dont on veut faire une indolente cité, énervée par les jouissances du luxe et satisfaite du tribut que lui apportent chaque année de riches étrangers, en échange d'une bienfaisante hospitalité, Pau n'en est pas réduit, tant s'en faut, à ce rôle stérile. Quatre fabriques de linge de Béarn, quatre tanneries, deux ateliers pour la préparation du lin, quatre teintureries, deux fabriques d'eau gazeuse, trois fabriques de chocolat, deux maisons qui expédient des salaisons; dans la banlieue, une minoterie, l'établissement considérable de MM. Roussille qui produit et expédie dans tous les départemens voisins des bougies, des cierges, des chandelles, des stéarines, des savons, de l'acide sulfurique; une fabrique d'allumettes chimiques, enfin, une usine hydraulique pour la confection du chocolat, en voilà assez, ce semble, pour prouver que Pau ne s'endort pas au milieu d'une oisiveté dorée. Cette ville est d'ailleurs le centre d'un commerce intérieur très actif, aux besoins duquel trois entreprises de roulage peuvent à peine suffire. Sans parler de la fabrication des meubles de luxe, qui prend chaque jour une extension nouvelle, de nombreuses maisons de commerce en gros expédient dans le département la draperie, la rouennerie, les soieries, la mercerie, la quincaillerie, l'épicerie, la droguerie, en un mot, tous les objets de consommation usuelle.

Citons encore la filature mécanique de lin qui, fondée depuis peu de temps à Gan par M. Chappelier, est devenue un des établissements industriels les plus importants du Département. Bien que située dans le vallon du Néez, cette usine peut être considérée comme une dépendance de la ville de Pau, dont la sépare une faible distance et avec laquelle elle est en relations continuelles.

En descendant le cours du Gave, on laisse sur la droite les cantons d'Arzacq et d'Arthez, dont il faut mentionner les tuileries, les poteries, les fours à chaux ; plus loin, sur la gauche, on rencontre la belle papeterie de Maslacq, ensuite vient Orthez qui apporte à la statistique un contingent considérable, des huileries, des papeteries, une minoterie, vingt-quatre tanneries, six ateliers de mégisserie, deux fabriques de linge, six maisons qui n'expédient pas moins de 240 à 250 mille kilogrammes de salaisons par année, deux ateliers pour la préparation des plumes et duvets, et plusieurs services de roulage.

Faut-il enfin rappeler que les produits industriels de la vallée d'Ossau, peu nombreux jusqu'ici, mais susceptibles de s'accroître dans une rapide progression, se dirigeront toujours vers Pau, pour gagner Tarbes, Auch et Toulouse, aussi bien qu'Orthez, Bayonne, Dax et Bordeaux, de même que les baigneurs des établissemens thermaux aboutiront nécessairement au même point, à moins que, en leur imposant un allongement de trajet inacceptable, on ne les refoule vers Tarbes et vers les sources des Hautes-Pyrénées ?

Chacun peut maintenant apprécier, en pleine connaissance de cause, l'importance relative du mouvement industriel et commercial dans les vallées des deux Gaves. Les compagnies soumissionnaires ne s'y sont point trompées, et elles ont facilement compris que le tracé d'Oloron donnerait lieu à une augmentation de dépense que l'accroissement des revenus

serait bien loin de compenser. Le lecteur en connaît
le chiffre, et il se rappelle aussi l'étendue du détour
que le Chemin de fer subirait en passant par le Gave
d'Oloron. Les auteurs du Mémoire, frappés de la
gravité de l'objection, ne trouvent d'autre moyen
de s'y soustraire que de modifier le fait sur lequel
elle repose. L'allongement, disent-ils, n'a pas plus
de 25 à 30 kilomètres. On sait qu'il en aurait 71
et on nous excusera de ne pas tomber, à ce sujet,
dans d'inutiles redites.

Ainsi, au point de vue des divers intérêts dé-
partementaux, aussi bien que sous le rapport de
l'intérêt général des départemens traversés par la
voie de fer, le tracé du Gave de Pau est incontestablement préférable à celui du Gave d'Oloron.
Ajoutons que les considérations stratégiques militent
en faveur du même projet.

Assurément, ce n'est pas de notre autorité privée
que nous prétendons trancher, comme on nous l'a
reproché, les graves questions qui se rattachent à
la défense du territoire. Mais il nous est bien permis
d'invoquer l'opinion des hommes spéciaux. Quelle est
leur appréciation en matière de chemins de fer ? Loin
de les considérer comme des voies *protectrices*, ainsi
que le fait le mémoire d'Oloron, ils cherchent au
contraire à les protéger contre les atteintes de l'ennemi en cas de guerre. C'est là un des principaux
argumens que le Conseil supérieur du génie in-

voquait en faveur du tracé proposé par le Gouvernement pour le chemin de fer de Lyon à Genève. Ce corps si éclairé, qui depuis Louis XIV soutient avec une persistance parfois taxée d'exagération l'intérêt exclusif de la défense nationale, insistait vivement pour que la ligne à construire fût couverte par le cours du Rhône.

Les chemins de fer, en effet, plutôt faits pour la paix que pour la guerre, ne peuvent être utiles en cas d'invasion qu'autant qu'on reste maître du terrain qu'ils parcourent. Dès qu'on bat en retraite, il faut nécessairement les couper, comme les ponts, à moins qu'on ne veuille laisser à la disposition de l'ennemi un moyen de transport rapide et facile. Celui de Toulouse à Bayonne ne servirait pas seulement à transporter des troupes vers la frontière, il y ferait aussi affluer les armes de toute espèce et l'artillerie que tient en réserve l'arsenal de Toulouse. C'est pourquoi il importe de mettre cette communication à l'abri d'un coup de main, et de la protéger par la double barrière des Gaves d'Oloron et de Pau. Quoiqu'on dise, d'ailleurs, en cas d'invasion, la base d'opération la plus naturelle, la plus avantageuse pour la défense, serait toujours la ligne du Gave de Pau. Soit que l'armée ennemie entrât sur le territoire Français par Bayonne, soit qu'elle y pénétrât par le pays Basque ou par la vallée d'Aspe, elle aurait toujours à franchir le Gave de Pau, et les troupes échelonnées pour défendre ce passage ne risqueraient en aucun cas d'être tournées ou prises en flanc, comme dans le bassin du Gave d'Oloron, puisqu'elles s'abriteraient, depuis Bayonne jusqu'à Pau, derrière un rempart qui fait face à tous les points vulnérables de la frontière.

Le génie militaire, il n'en faut point douter, se prononcera donc pour le tracé par la vallée du Gave.

XVII.

Arrivé au terme de la tâche que nous avions entreprise, jetons un regard en arrière et résumons en quelques mots de trop longs développements.

Deux compagnies sollicitent la concession du réseau Pyrénéen.

L'une, celle de M. Dauzat-Dembarrère, propose un ensemble de tracés et des conditions d'exécution que repoussent l'intérêt général des départements Pyrénéens, et l'intérêt particulier du département des Basses-Pyrénées. Des modifications radicales doivent être apportées à sa soumission pour la rendre acceptable.

L'autre, celle de M. Péreire, est évidemment plus favorable aux contrées Pyrénéennes; le projet qu'elle a soumis au gouvernement exige néanmoins quelques rectifications.

Une question divise le département des Basses-Pyrénées, celle de la préférence à donner à l'un des trois tracés du Luy, du Gave de Pau et du Gave d'Oloron. Le lecteur connaît la solution que dicte une équitable appréciation de tous les intérêts.

Peut-être nous reprochera-t-on de l'avoir indiquée et d'avoir, oubliant les promesses du début, formulé une conclusion.

Mais la mission d'un rapporteur, — c'est celle que nous avons voulu prendre, — exclut aussi bien l'indifférence que la partialité. Reproduire fidèlement les argumens contraires, les mettre en parallèle, et énoncer le résultat de la comparaison, tel est le devoir qui lui est imposé et auquel nous croyons n'avoir point failli.

Sans doute, en cherchant uniquement la vérité, en la disant librement à tous, nous risquons fort de n'avoir satisfait personne, parmi ceux du moins qui ne se résigneront jamais au sacrifice de prétentions égoïstes ou d'opinions exclusives. Mais peu nous importe, si nous avons fourni à un seul esprit dégagé de toute prévention les moyens d'émettre un avis éclairé.

C'est du reste devant le public seul que nous avons voulu exposer les faits de ce débat. Quant au gouvernement, juge aussi impartial que bienveillant, il se prononcera après avoir recueilli les témoignages intelligents et fidèles de l'enquête en ce moment ouverte. Nos populations peuvent attendre avec confiance de sa sollicitude la satisfaction de leurs besoins trop long-temps méconnus.

PAU, IMPRIMERIE DE É. VIGNANCOUR.

9 782329 756738